C embarqué et VHDL pour les débutants

À ma très chère mère Fadma et à mon très cher père Mohamed qui n'ont cessé de me combler par leur amour et leur tendresse. À tous les membres de ma famille sans aucune exception.

Préface

Doctorant dans le domaine de l'électronique mixte et un passionné de ce domaine qui m'a toujours attiré depuis mon jeune âge. Dans ce livre, vous avez une initiation du langage VHDL et C embarqué avec des exemples clairs ainsi que des projets pratiques, réalisés et testés par moi-même. Vous pouvez nous suivre sur le site **www.electronique-mixte.fr** car y'aura toujours de nouveaux projets à découvrir.

Introduction

L'électronique évolue à grande vitesse et l'autoformation est essentielle pour suivre l'actualité de ce domaine qui a toujours des nouveautés au niveau logiciel et matériel.

La première partie du livre, traite le langage **VHDL**, la structure de son programme et les méthodes de description en VHDL avec des exemples de **projets** riche en information théoriques et pratiques. Également, vous allez voir l'utilité des machines à états avec des exemples tels que la commande d'un moteur pas à pas, d'une perceuse et bien d'autres.

La deuxième partie, présente une initiation au **langage C embarqué** avec une dizaine d'applications pratiques de ce langage puissant en électronique et en traitement d'image. Ce dernier, est traité plus en détail à la dernière partie du livre en présentant plusieurs méthodes de traitement et d'analyse des images en utilisant le langage C embarqué.

TABLE DES MATIÈRES

CHAPITRE 1

INTRODUCTION AU LANGAGE VHDL

Dans le chapitre suivant, on va présenter les notions de base du langage VHDL avec une approche pratique à travers des exemples. On va commencer par les types des données, les opérateurs, les attributs, les signaux et les variables. On va aborder également la particularités de ses derniers et on verra les différents modes de description d'une architecture, l'implémentation des circuits séquentiels et la notion des processus en VHDL. Enfin, on étudiera les fonctions, les procédures en VHDL et on traitera les machines à état fini (FSM).

Une série d'exemples et simulations sera présentée tout au long du chapitre afin que vous puissiez maitriser les notions de base du langage VHDL à l'aide du logiciel de simulation Xilinx ISE 14.2.

1.1 Introduction

1.1.1 C'est quoi le langage VHDL ?

VHDL est l'acronyme de Very High Speed Integrated Circuit Hardware Description Language (VHSIC HDL) et c'est un langage de description des circuits logiques.

La description matérielle utilise les circuits logiques et configurables PLD (Programmable Logic Device) comme FPGA (Field Gate Array). Le langage VHDL a été créé dans les années 1980 à la demande du département de la défense américaine (DOD).

La première version du langage VHDL était accessible au public depuis 1985. Elle a fait l'objet d'une norme internationale en 1986 par l'institut IEEE des ingénieurs électriciens et électroniciens (Institute of Electrical and Electronics Engineers).

Le format général du langage VHDL est basé sur le concept des Blocks ou unités de conception VHDL. Les blocks sont équivalents à des fonctions logiques facilement décrites par le langage.

La figure : 1.1 [Source : Wilson Research Group and Mentor Graphics, 2014 Functional Verification Study] illustre les langages de conception FPGA dans des projets électroniques. On constate que le langage VHDL et Verilog sont les plus populaires dans

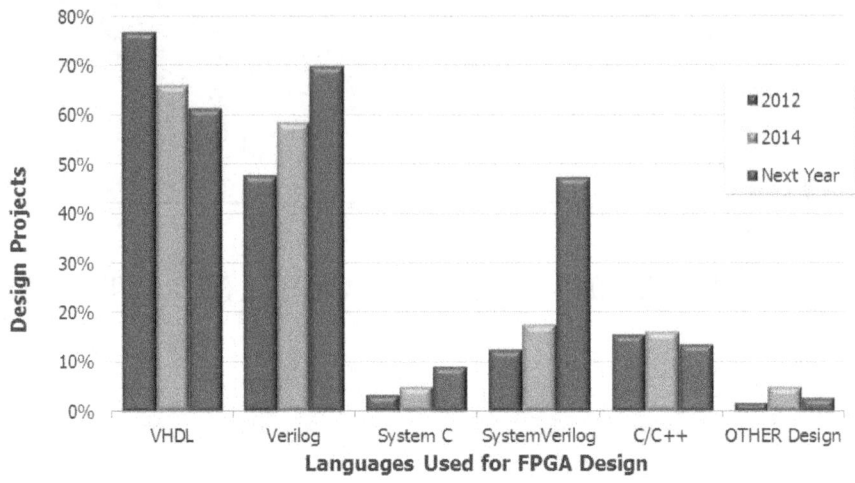

FIGURE 1.1 – Langages de conception FPGA des projets électronique

l'industrie de description matérielle sous FPGA. Le langage Verilog peut prendre la place du langage VHDL dans les prochaines années.

1.1.2 Les leaders du marché des FPGA

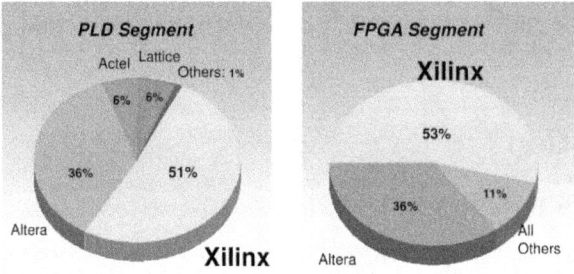

FIGURE 1.2 – Concepteurs mondiaux des FPGA, 2009-Xilinx

Comme il est illustré dans les figures 1.2 et 1.3, la concurrence dans le marché des FPGA est amère. La raison devient plus évidente quand on regarde les chiffres actuels du marché. Les acteurs actuels des FPGA sont : Xilinx, Altera, Lattice et Actel.

Le constructeur Altera gagne quelques pourcents du marché mondial depuis l'année 2009.

1.1.3 Les domaines d'application

Les FPGA dépassent désormais leur rôle basique d'interfaçage, qui leur permettait d'apporter une solution innovante à ce que la logique des produits "Escients" ne parvenait pas à résoudre. Ils occupent aujourd'hui le devant de la scène grâce à leur capacité à

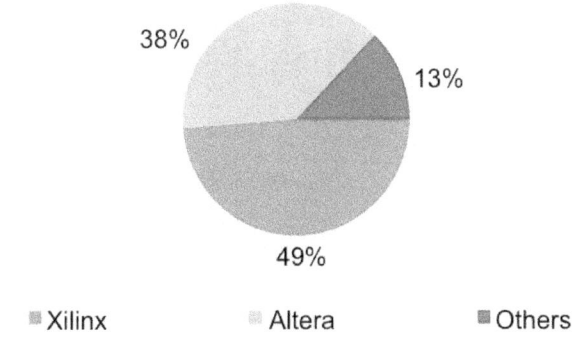

FIGURE 1.3 – Concepteurs mondiaux des FPGA, 2015-IHS

s'intégrer dans des systèmes à puce entièrement personnalisés et conçues spécifiquement pour des applications particulières et hautes performances.

Les FPGA sont non seulement capables de travailler en multitâche (plusieurs applications) avec un seul et même circuit, mais ils présentent en outre l'intérêt de pouvoir résoudre des problèmes de façon plus simple et souple. Les précédentes solutions sur carte étaient généralement composées d'un microprocesseur fixe ou d'un ASSP (Application-Specific Standard Product), d'une logique fixe associée et le tout dans une architecture rigide et figée. Ceci, limitait les possibilités d'atteindre de hautes performances.

Un circuit basé sur FPGA présente une architecture flexible et adaptable au besoin de l'utilisateur pour des performances accrues. Les tâches peuvent y être réparties de façon optimale entre le matériel et le logiciel. Soit vous travailliez sur des systèmes embarqués, des équipements de test ou des systèmes de contrôle commande, les FPGA font désormais partie intégrante de votre monde professionnel.

On verra en détail, le fonctionnement d'un FPGA dans l'avant dernière partie du premier chapitre.

Les domaines d'application des FPGA sont multiples. Vous avez la liste des principaux domaines ci-dessous :

Télécommunication

- Stations de base cellulaires
- Réseaux LAN
- Réseaux optiques
- Modems ADSL
- Switches
- Routeurs

Industrie de consommation et autres

Consommateur

- Écrans Plasmas
- DVRs
- Lecteurs MP3
- Décodeurs numériques
- Cameras numériques
- Électroménager

Industrie

- Industrie automatique
- Imagerie médicale
- Équipement de test
- Équipement de mesure
- Robots domestiques militaires
- Objets mécatroniques

Automobile

- Système multimédia
- Navigation GPS
- Reconnaissance de voix

Militaire

- Surveillance par satellite
- Systèmes radars et sonars
- Communication sécurisée

1.2 La structure du programme en VHDL

1.2.1 Les niveaux d'abstraction

Le langage VHDL, peut être utilisé pour décrire une architecture matérielle à différents niveaux d'abstraction. Lors d'étude du langage VHDL pour FPGA / ASIC, il est utile d'identifier et de comprendre les quatre niveaux d'abstraction. Ces derniers, sont illustrés dans la figure 1.4 :

- Comportemental (Behavioral)
- Transfert RTL (register-transfer level)
- Portes logiques (Gate)
- Interconnexion et routage entre les cellules (Layout)

1.2.1.1 Comportemental (Behavioral)

La description fonctionnelle du modèle (Algorithme) utilisée dans le premier niveau de conception VHDL, pour être en mesure d'exécuter rapidement la simulation du modèle, elle est également utilisée pour définir les programmes de test (Test banches).

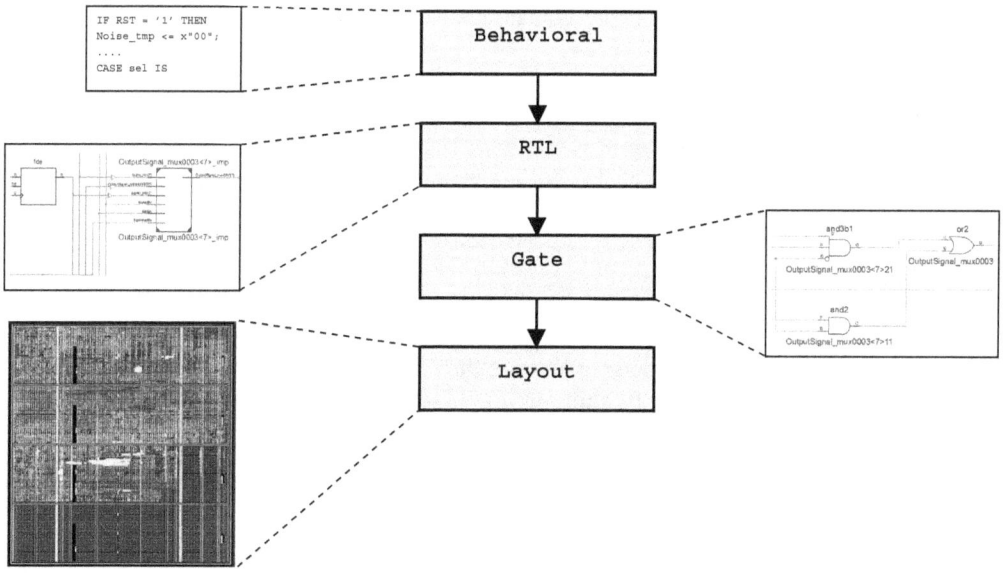

FIGURE 1.4 – Les niveaux d'abstraction

Un algorithme pur se compose d'un ensemble d'instructions qui sont exécutées en séquence pour accomplir une tâche. Un algorithme pur n'a ni horloge ni les retards détaillés (absence des contraintes physiques des composants). Certains aspects de synchronisation peuvent être déduits du séquencement des opérations dans l'algorithme.

Note : Il existe des modèles simulables mais qui ne sont pas synthétisables.

1.2.1.2 Transfert RTL

Une description RTL dispose d'une horloge explicite dans les systèmes complexes. Toutes les opérations sont programmées pour se produire dans des cycles d'horloge spécifiques, mais il n'y a pas de retards détaillés (ci-dessus le niveau du cycle). Il est disponible dans le commerce des outils de synthèse qui permettent une certaine liberté à cet égard.

Une horloge globale unique n'est pas obligatoire mais peut être préférée. En revanche, le recalage (la resynchronisation entre blocks constituant le programme) est une fonctionnalité qui permet aux opérations de s'aligner à travers les cycles d'horloge(synchronisation).

La description est subdivisée en deux catégories : Les circuits combinatoires et les circuits séquentiels (circuits à mémoire) (flip-flops, latches) contrôlés par une horloge.

Note : L'accumulation des retards entre les blocks, peut produire la désynchronisation de l'horloge. Ce phénomène est accentué dans les systèmes contraignants en temps (horloge haute fréquences de quelques centaines de MHz). Une phase de resynchronisation est nécessaire dans ces conditions.

1.2.1.3 Gate

La description niveau porte (Gate), est représentée souvent par des portes (AND, OR, NOT,...) et les éléments séquentiels. La particularité de ce niveau de conception est l'intégration des retards physiques et les contraintes temporelles pour chaque composant.

Le niveau porte est l'étape qui permet de passer de la description RTL du circuit à la description au niveau portes logiques (Gate netlist). Au préalable, une librairie cible de portes logiques doit être disponible. Celle-ci rassemble généralement plusieurs centaines des circuits logiques (portes ET, OU, circuits séquentielles, ...). Cette librairie dépend de la technologie cible (Ex : 0,18 um, ...) et du fondeur du composant (les règles de dessin des cellules dépendent du procédé de fabrication).

L'utilisateur doit fournir aussi des contraintes de synthèse comme :

- La fréquence de fonctionnement du circuit
- Les conditions comme la dynamique de la tension d'alimentation, la température de fonctionnement et délais de traversée des portes.
- Les contraintes de temps de départ et d'arrivée sur les entrées primaires et secondaires du circuit
- ...

1.2.1.4 Layout

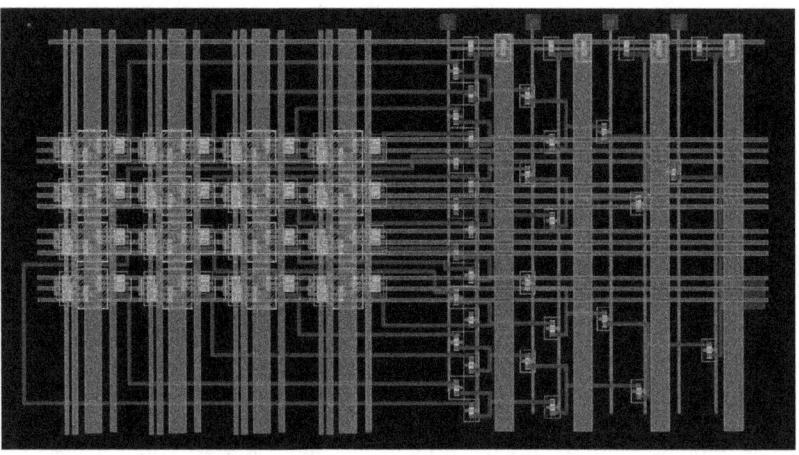

FIGURE 1.5 – Custom-Layout FPGA

C'est l'étape finale de la conception FPGA / ASIC. Les différentes cellules sont placées et routées dans le circuit. Après l'étape de vérification, le circuit sera prêt à être envoyé au processus de production. La figure 1.5 montre le placement et les interconnexions entre blocs d'un circuit numérique.

1.2.1.5 Conclusion

Nous avons vu les niveaux de conception FPGA / ASIC. Le premier niveau, sert à modéliser le fonctionnement et le comportement théorique de l'algorithme. Les niveaux supérieurs permettent d'affiner le modèle en intégrant des contraintes temporelles et physiques (délais, alimentation, technologie, ...). Dans la dernière étape de conception, les différentes cellules sont placées, routées et le circuit est prêt à être envoyé en production.

Dans la suite de l'ouvrage, on va particulièrement s'intéresser aux deux premiers niveaux d'abstraction pour les prototypes des projets électroniques à base du FPGA et Arduino.

1.2.2 Description du modèle - Behavioral

On considère que le circuit utilise la technologie CMOS CD4000B comme illustré dans la figure 1.6. Il est constitué de 7 entrées (A, B, C, D, E, F et G) et trois sorties (H, K et L) sur 1 bit. Les relations logiques qui relient les entrées et les sorties sont les suivantes :

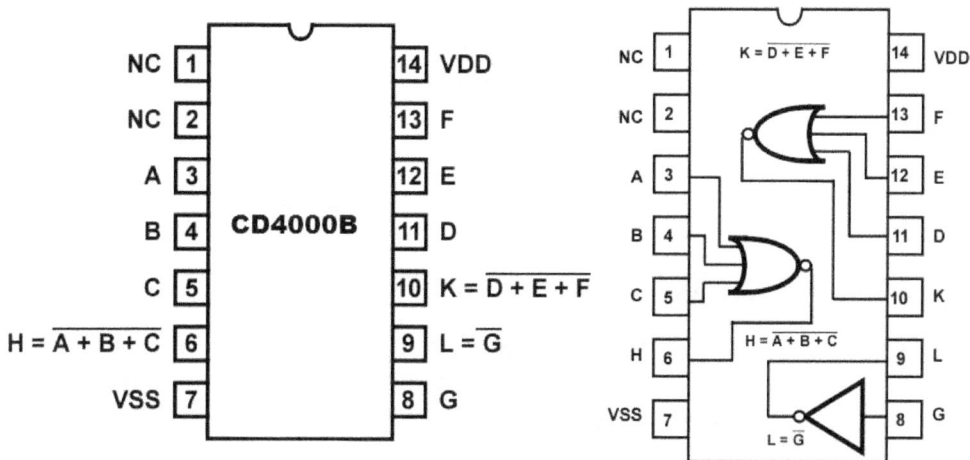

FIGURE 1.6 – Double 3-entrées NOR et Inverseur

- $H = \overline{A + B + C}$
- $K = \overline{D + E + F}$
- $L = \bar{G}$

La description en VHDL du circuit CD4000B

```
1            ----------------------------------------------
2            library IEEE;
3            use IEEE.STD_LOGIC_1164.ALL;
4            ----------------------------------------------
5            entity CI4000B is
6            Port (
7            A : in          STD_LOGIC;
8            B : in          STD_LOGIC;
9            C : in          STD_LOGIC;
10           D : in          STD_LOGIC;
11           E : in          STD_LOGIC;
12           F : in          STD_LOGIC;
13           G : in          STD_LOGIC;
14
```

```
15        H : out          STD_LOGIC;
16        K : out          STD_LOGIC;
17        L : out          STD_LOGIC);
18        end CI4000B;
19        ----------------------------------------------
20        architecture Behavioral of CI4000B is
21
22        begin
23
24        H <= NOT (A OR B OR C);
25        K <= NOT (D OR E OR F);
26        L <= NOT(G);
27
28        end Behavioral;
29        ------------------ FIN ------------------
```

Le programme est constitué de trois rubriques importantes :

- Libraires
- Entité
- Architecture

1.2.2.1 Libraires en VHDL

```
1         ----------------------------------------------
2         library IEEE;
3         use IEEE.STD_LOGIC_1164.ALL;
4         ----------------------------------------------
```

Les bibliothèques VHDL nous permettent de stocker des entités couramment utilisées et que nous pouvons utiliser dans nos programmes VHDL. Un fichier de package VHDL contient des éléments de conception communs que nous peuvons utiliser dans les fichiers source VHDL qui composent notre conception.

Note : Vous pouvez créer des bibliothèques VHDL, les fichiers de package et déplacer les fichiers d'une bibliothèque à l'autre.

La bibliothèque IEEE contient plusieurs définitions de package normalisées utilisable dans tous les environnements de VHDL.

Nous utiliserons souvent les packages de l'IEEE illustré dans le tableau 1.1.

1.2.2.2 Déclaration d'une entité

```
4         ----------------------------------------------
5         entity CI4000B is
6         Port (
7         A : in          STD_LOGIC;
8         B : in          STD_LOGIC;
```

Bibliothèque	Package	Contenu
IEEE	std_logic_1164	les types de données standard (bit, octet, numéros,, ...)
IEEE	std_logic_arith	signées et non signées convertisseurs des types
IEEE	std_logic_signed	nombres signés seulement
IEEE	std_logic_unsigned	nombres non signés seulement
STD	STANDARD	types très basiques (BIT)
STD	TEXTIO	définitions pour l'utilisateur d'E / S, les messages d'impression

TABLE 1.1 – Bibliothèques et Packages en VHDL

```
9        C : in        STD_LOGIC;
10       D : in        STD_LOGIC;
11       E : in        STD_LOGIC;
12       F : in        STD_LOGIC;
13       G : in        STD_LOGIC;
14
15       H : out        STD_LOGIC;
16       K : out        STD_LOGIC;
17       L : out        STD_LOGIC);
18       end CI4000B;
19       ---------------------------------------------
```

Une entité est le module matériel du composant (figure 1.8) ayant un nom unique. La première ligne d'une entité indique le nom du circuit, "CI4000" dans notre exemple.

La déclaration d'une entité nécessite :

- De spécifier les ports d'entrée et de sortie et les types de données sur ces ports ;
- Une Déclarations facultatives « génériques » afin de pouvoir inclure les diverses valeurs par défaut et une liste des paramètres utiles lors de la simulation.

La syntaxe de la déclaration des E/S en VHDL est la suivante :

NOM_PORT : MODE TYPE ;

Le **MODE** d'un port peut être :

- IN : Entrée ;
- OUT : Sortie ;
- INOUT Entrée / Sortie ;
- Un BUFFER : Signal de sortie utilisé comme une entrée dans description.

TYPE : Le langage VHDL est un langage typé. Il est nécessaire d'indiquer le type de donnée de l'objet manipulé et on verra dans la section suivante les différents types existants en VHDL.

Exemple de déclaration des paramètres génériques dans l'entité

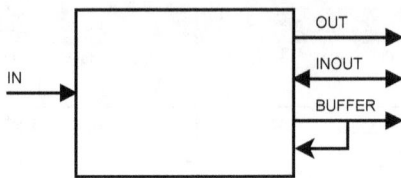

FIGURE 1.7 – Modes des ports de l'entité

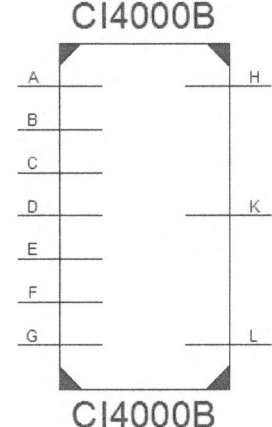

FIGURE 1.8 – Entité du circuit DS4000 après simulation

```
1        -----------------------------------------
2        entity OR4 is
3         generic
4              (
5                    N : positive range 0 to 3
6              );
7         port
8              (
9                    A: in        std_logic_vector(N-1 downto 0);
10                   B: in        std_logic_vector(N-1 downto 0);
11                   S: out       std_logic_vector(N-1 downto 0)
12             );
13       end entity OR4;
14        ...
15       -----------------------------------------
```

La déclaration d'une entité peut avoir plusieurs déclarations d'architecture. Vous pouvez tester une entité avec plusieurs architectures différentes et vous pouvez sélectionner la conception du couple (entité, architecture) à utiliser dans une simulation.

1.2.2.3 La Déclaration de l'architecture

La déclaration de l'architecture spécifiée ce qui est à l'intérieur de l'entité. L'architecture comprend le modèle et les opérations logiques constituant le circuit numérique. La figure 1.9 montre le désigne RTL du circuit numérique.

```
19          ----------------------------------------------
20          architecture Behavioral of CI4000B is
21
22          begin
23
24          H <= NOT (A OR B OR C);
25          K <= NOT (D OR E OR F);
26          L <= NOT(G);
27
28          end Behavioral;
29          ----------------------------------------------
```

La syntaxe de la déclaration d'une architecture en VHDL :

```
architecture NOM_ARCH of NOM_ENTITY is
begin

        Inst 1 ;
        Inst 2 ;
        Inst 3 ;
        Inst 4 ;
        ...

end NOM_ARCH;
```

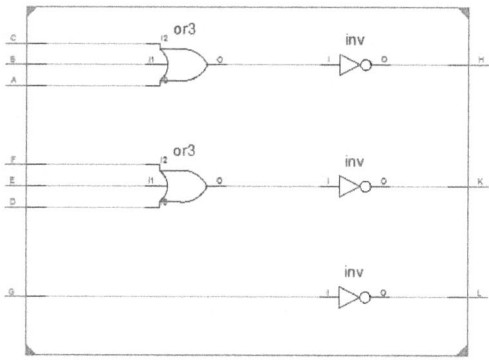

FIGURE 1.9 – Architecture du circuit DS4000 après simulation

Les caractéristiques de la syntaxe d'un programme en VHDL :

- Insensible à la casse : Pas de différentiation entre majuscules et minuscules ;
- Format libre ;
- Toute phrase termine par un point virgule ;
- Le début d'un commentaire est signalé par un double trait (–) ;
- Le commentaire termine avec la fin de ligne ;
- Toute donnée traitée par le VHDL, doit être déclarée comme constante, variable ou signal (à voir dans la partie sur : La gestion des données en VHDL)

1.3 La gestion des données en VHDL

Le VHDL est un langage fortement typé. Il ne permet pas de mixer les types de données différentes ou l'utilisation des données non typées. Nous allons commencer par la présentation des différents types de données qui peuvent être utilisées en langage VHDL traitant des bits, bus, booléen, des chaînes, des types de nombres réel et entier,... En suite, on va voir la notion des signaux, des variables et on terminera avec les opérateurs et les attributs du langage VHDL.

1.3.1 Les types de données et Opérateurs

1.3.1.1 Les types de données

Il existe deux grandes catégories de types de données en VHDL :

— Scalaire : stocke une valeur unique
— Composite : stocke plusieurs valeurs

Types scalaires
— bit
— boolean
— std_logic
— integer
— character

Types composites
— bit_vector
— std_logic_vector
— string
— array

Autres
— Fichiers
— Pointeurs

Remarque : Les types les plus utilisés pour la synthèse et la simulation en VHDL, sont fournis par le package IEEE : std_logic et std_logic_vector.

Ces types ne sont pas prédéfinis : pour les utiliser, il faut déclarer le package std_logic_1164, qui fait partie de la libraire IEEE :

```
library ieee;
use ieee.std_logic_1164.all;
use ieee.std_logic_unsigned.all;
```

Une donnée de type std_logic comprend une valeur parmi 9 possibles :

- 'U' Uninitialized
- 'X' Forcing unknown
- '0' Forcing 0
- '1' Forcing 1
- 'Z' High impedance

- 'W' Weak unknown
- 'L' Weak 0 (pull-down)
- 'H' Weak 1 (pull-up)
- '-' Don't care

Pour une affectation, les valeurs possibles sont : 'X', '0', '1', 'Z'

Comment créer un type dérivé (subtype) ?

En fait, tout sous-type créé est un type lié à un type existant.

Syntaxe : **subtype** subtype_name **is** base_type **range** range_constraint ;

La fonction subtype peut être utilisée dans les emplacement du programme suivants :

- Process
- Procedure
- Package
- Entity
- Architecture
- Function

Exemples :

1. subtype XO1 is std_logic range 'X' to '1' ;
   — signal XO1_V1 : XO1 := 'X' ;
   — signal XO1_V2 : XO1 := '1' ;

2. subtype XO1Z is std_logic range 'X' to 'Z' ;

3. subtype UXO1 is std_logic range 'U' to '1' ;

4. subtype BUS is integer range 0 to 255 ;
   — signal BUS_v1 : BUS := 3 ;

5. subtype SEL is integer range 0 to 7 ;
   — signal SEL_V1 : SEL := 3 ;

6. subtype WORD is std_logic_vector(31 downto 0) ;
   — signal WORD_V1 : WORD := X"00000000" ;
   — WORD_V1 <= X"FFFF0000" ; – Affectation

Note : Affectation entre deux types dérivés de plages différentes et de mêmes types est possible sans conversion (Ex :BUS_v1 := SEL_V1).

Comment créer un type dérivé (type) ?

La déclaration d'un type dérivé avec le mot clé type, est équivalant au subtype à une différence prêt. L'affectation entre deux types dérivés de même type n'est pas possible.

La bibliothèque standard du langage VHDL définit un certain nombre de types de base, par exemples : std_logic, integer, character, std_logic_vector(7 downto 0) ...etc. Ses types de base, permettent de créer un sous-type indirectement (ou directement si on définit et nomme nos sous-types explicitement).

Lorsqu'on cherche nos propres énumérations, par exemple, pour décrire les états d'une machine d'état, nous avons besoin d'un "type". Des exemples sont présentés ci-après :

- type State is (LEFT, RIGHT, UP, DOWN) ;
- type MixState is (LEFT, RIGHT, 20, 30) ;
- type Volt is range -127 to 127 ;
- type NumBits is range 31 downto 0 ;
- type SinVal is range -1.0 to 1.0.

1.3.1.2 La Conversion des types

Les types de données peuvent être convertis lorsque les données d'un objet sont déplacées dans les données d'un autre objet. Les données d'un objet doivent être converties du type de données d'un objet en type de données de l'autre.

Le VHDL est fortement typé, il est indispensable que les deux objets (signaux, variables, etc.) en opération soit du même type de donnée.

- V : Vecteur ;
- I : Entier (Integer) ;
- U : Entier non signé (Unsigned) ;
- S : Entier signé (Signed).

Les fonctions de conversion / transtypage entres les types :

— Signed → std_logic_vector : std_logic_vector(S)
— Signed → Integer : to_integer (S)

— Integer → Signed : to_signed(I, S'length)
— Integer → Unsigned : to_unsigned(I, S'length)

— Unsigned → std_logic_vector : std_logic_vector(U)
— Unsigned → Integer : to_integer(U)

— Std_logic_vector → Unsigned : unsigned(V)
— Std_logic_vector → Signed : signed(V)

Syntaxes et types de données

- CONV_INTEGER (signal / variable, #bits)
- CONV_UNSIGNED (signal / variable, #bits)
- CONV_SIGNED (signal / variable, #bits)
- CONV_STD_LOGIC_VECTOR (signal / variable, #bits)
- [] (Le paramètre "#bits" peut être optionnel)

Remarques :

- La plupart des outils de synthèse logique supportent la conversion des types pour les tableaux et les entiers.
- La plupart des fonctions de conversion se localisent dans le package de std_logic_1164.

1.3.1.3 Les opérateurs en VHDL

- Les opérateurs logiques : AND, OR, NAND, NOR, XOR, XNOR et NOT ;

- Les opérateurs de comparaison : =, /=, <, <=, > et >= ;

- Les opérateurs de décalage :
  — sll : Décalage logique à gauche sur N bits ;
  — srl : Décalage logique à droite sur N bits ;
  — sla : Décalage arithmétique à gauche sur N bits ;
  — sra : Décalage arithmétique à gauche sur N bits ;
  — rol : Rotation à gauche sur N bits ;
  — ror : Rotation à droite sur N bits ;
  — & : Concaténation des bits.

- Les opérateurs d'addition :
  — + : Addition ;
  — - : Soustraction.

- Les opérateurs de signe : + -

- Les opérateurs de multiplication :
  — * : Mutiplication ;
  — / : Division ;
  — mod : Modulo ;
  — rem : Reste du modulo.

- Des opérateurs divers :
  — abs : La valeur absolue ;
  — ** : Exponentiation.

Remarque :

Les décalages arithmétiques, logiques et rotation sont effectués avec les fonctions en VHDL. Il faut utiliser les fonctions (Décalage et Rotation au lieu des opérateurs. Ces fonctions, font parties des packages ieee.numeric_std et ieee.numeric_bit, et sont nommés shift_left (), shift_right (), rotate_left (), et rotate_right ().

La différence entre les décalages arithmétiques et logiques est encodée dans le type du premier argument de la fonction. La fonction de surcharge effectue différentes opérations en fonction du type de l'argument. Par exemple : Si vous voulez faire un décalage arithmétique à droite d'un std_logic_vector (de numeric_std), convertir votre signal à un signé et le transmettre à shift_right (). Et si vous voulez faire un décalage logique à droite, convertir votre signal à un non signé et le passer à shift_right ().

Les Opérateurs Vs Les Types

Spécifier le type de donnée à certains oérateurs en VHDL est obligatoire en respectant les conventions et la syntaxe du Langage. Le tableau 1.2 illustre les types supportés par chaque catégories des opérateurs :

Opérateurs	Types supportés
Opérateurs logiques and or nand nor xor xnor not	Opérateurs des bits std_logic et Boolean et les tabelaux 1D bit_vector et std_logic_vector
Opérateurs relationnels = /= > < <= >=	Opérateurs de comparaison Tous types Résultat Boolean
Opérateurs arithmétiques + - * ** / mod rem abs	Integer et Real

TABLE 1.2 – types des données des opérateurs

1.3.2 Signaux, Variables et Constantes

On trouve trois principales classes d'objets en VHDL :

- Constantes ;
- Variables ;
- Signaux.

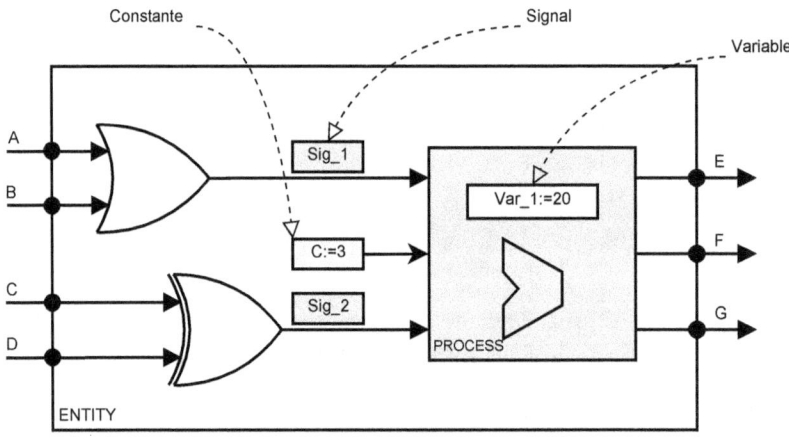

FIGURE 1.10 – Disposition des variables et signaux en VHDL

Ci-après, vous avez la définition, la manière de déclaration et la particularité de chaque objet.

1.3.2.1 Variables

Une variable est un objet de caractère local (et non pas des signaux physiques). Elle ne peut être déclarée qu'à l'intérieure d'un process (figure 1.10), d'une procédure et son affectation est immédiate (:=). Par contre, les signaux sont mis à jour à la fin du cycle, donc un retard d'un coup d'horloge.

Syntaxe de déclaration :

$$\text{variable nom\_var : type\_var :=val\_init ;}$$

Syntaxe d'affectation :

$$\text{nom\_var :=Value ;}$$

En pratique, on préfère d'utiliser des variables intermédiaires à l'intérieur d'un process, au lieu des signaux intermédiaires. De plus, l'utilisation des variables est moins couteux en terme de mémoire par rapport à un signal. en plus, une variable étant déclarées à l'intérieur du process (figure 1.10), on ne la déclare pas dans la liste de sensitivité.

Exemple 1 :

```
1          -----------------------------------------
2          ....
3          Signal A, B, SUM : integer ;
4          Begin
5                  Process ( A, B)
6                  Variable VA, VB : integer ;
7                  Begin
8                          VA := A ;
9                          VB := B ;
10                         SUM <= VA + VA ;
11                 End process ;
12         ...
13         -----------------------------------------
```

Les variables VA et VB dans les lignes (8,9) reçoivent instantanément les valeurs de A et B. Par conséquent, le signal SUM est affecté en une itération du process.

Exemple 2 :

```
1          -----------------------------------------
2          ...
3          architecture ArchVav of VAR is
4          signal A, B, C : std_logic_vector(7 downto 0);
5          signal D, E, F : std_logic;
6          begin
7                  process (A, B, C, D, E, F)
8                  variable VA, VB, VC : std_logic_vector(7 downto 0);
9                  variable VSEL1, BSEL2 : std_logic_vector(3 downto 0);
10             ...
11             begin
12                     Inst1;
13                     Inst2;
14                     ...
15             end process
16         end ArchVav;
17         -----------------------------------------
```

1.3.2.2 Les signaux

Les signaux sont des connexions physiques interconnectant les processus (circuits à l'intérieur d'une architecture) (voir la figure 1.10).

En VHDL, chaque composant est un processus indépendant et tous les processus s'exécutent en parallèles. On verra dans la suite de l'ouvrage, le fonctionnement détaillé d'un process. D'une autre façon, un signal est une modélisation de l'E/S d'un circuit. C'est un signal physique qui change avec le temps.

Syntaxe de déclaration :

signal nom_sig : type_sig :=val_init ;

Syntaxe d'affectation :

nom_sig <= Value ;

À la différence des variables, l'affectation aura lieu à la prochaine itération de la simulation (retard d'un cycle d'horloge). On reprend l'exemple cité précédemment en utilisant des signaux à la place des variables.

Exemple 1 :

```
1        ----------------------------------------------
2        ...
3        Signal A, B, SUM : integer ;
4        Signal SA, SB : integer ;
5        Begin
6                Process ( A, B, SA, SB)
7                Begin
8                        SA <= A ;
9                        SB <= B ;
10                       SUM <= SM + SN ;
11               End process ;
12       ...
13       ----------------------------------------------
```

Le résultat (SUM) est affecté en deux itérations :

- Itération (1) : Le Process affecte SA et SB ;
- Itération (2) : A la fin de l'itération (1), un changement des valeurs SA/SB est re-déclenché (SA et SB font partie de la liste de sensibilité) et l'exécution du Process pour que le signal SUM reçoive la somme de SA et SB.

Exemple 2 :

```
1        ----------------------------------------------
2        ...
3        architecture Beh_ClkGen of ClkGen is
4        ...
5        SIGNAL      Count_tmp : std_logic_vector(N-1 downto 0):= x"000000";
6        SIGNAL      Count_1_sec : std_logic_vector(N-1 downto 0):= x"000000";
7        SIGNAL      Clk_1_HZ_tmp : std_logic:='0';
8        SIGNAL      sel : std_logic_vector(3 downto 0):=x"0";
9        SIGNAL      Seg_temp : std_logic_vector(M-1 downto 0):=x"FF";
10       ...
11       ----------------------------------------------
```

Remarque : Notez bien qu'on ne peut pas déclarer un signal à l'intérieur d'un Processus ou d'une procédure et c'est la particularité des variables.

1.3.2.3 Les constantes

L'objet constant est accessible en lecture seul et il permet un accès facile et immédiat à une valeur. Une constante peut être déclarée dans les emplacements suivants : Entité, Process, Procédure ou Fonction. La déclaration des constantes est une technique pratique pour une simulation paramétrée.

Syntaxe de déclaration :

constant nom_const : type_const :=val_init ;

Exemple 1 :

```
1         -------------------------------------------
2         ...
3         entity ClkGen is
4
5               GENERIC
6           (
7                   N : positive :=24;
8                   M : positive :=8
9           );
10        ...
11        -------------------------------------------
12        architecture Beh_ClkGen of ClkGen is
13        ...
14        CONSTANT Value_1_sec : std_logic_vector(N-1 downto 0):= x"0B8D80";
15        TYPE    T_DATA is array (0 to 9) of std_logic_vector(M-1 downto 0);
16
17        -- Anode commune
18        CONSTANT SEG_7 : T_DATA :=(
19        x"C0",  -- '0'
20        x"F9",  -- '1'
21        x"A4",  -- '2'
22        x"B0",  -- '3'
23        x"99",  -- '4'
24        x"92",  -- '5'
25        x"82",  -- '6'
26        x"F8",  -- '7'
27        x"80",  -- '8'
28        x"90"); -- '9'
29        ...
30        BEGIN
31        ...
32        -------------------------------------------
```

Le programme ci-dessus, illustre l'utilisation d'une constante scalaire, puis un tableau de constantes 1Dx1D en utilisant des paramètres génériques. Le tableau des constantes SEG_7 contient 10 éléments (0 à 9) de type std_logic_vector sur M bits (8 bits).

1.3.3 Les attributs

Les attributs prédéfinis offrent des fonctions de codage plus efficace et un mécanisme pour les caractéristiques matérielles de modélisation des objets. Les attributs peuvent être appliqués à des tableaux, des signaux et des types.

Syntaxe de déclaration :

array_or_signal_or_type_name'ATTRIBUTE_NAME ;

Emplacement des attributs :

Package
Corps du Package
Entité
Architecture

Les attributs pour les types ARRAY ou un SUBTYPE :

— X'RANGE le range de X (X'LEFT to X'RIGHT ou X'LEFT downto X'RIGHT)
— X'REVERSE_RANGE le range de X dans l'ordre inverse
— X'LENGTH la taille de l'objet (X'HIGH - X'LOW + 1) (Integer)

Les attributs pour le type ARRAY (tableau) ou scalaire :

— X'LOW élément le plus petit
— X'LEFT élément de gauche
— X'RIGHT élément de droite
— X'HIGH élément le plus grand
— X'VAL(Indice) retourne la valeur à l'emplacement X (indice) (indice commence à 0)
— X'POS(Valeur) retourne la position de la valeur dans l'objet X
— X'PRED(Valeur) retourne la valeur précédente de X à l'indice X'VAL(X'POS(Valeur)-1)
— X'SUCC(Valeur) retourne la valeur supérieure de X à la valeur actuelle
— X'RIGHTOF(Valeur) retourne la valeur inférieure de X à la valeur actuelle

Les attributs pour SIGNAL :

— X'EVENT retourne TRUE si X change d'état
— X'ACTIVE retourne TRUE si X a changé d'état durant le dernier intervalle
— X'LAST_EVENT retourne une valeur temporelle depuis le dernier changement de X
— X'LAST_ACTIVE retourne une valeur temporelle depuis la dernière transition de X
— X'LAST_VALUE retourne la dernière valeur de X

Des attributs créent un nouveau SIGNAL :

— X'DELAYED(t) crée un signal du type de x retardé par t
— X'STABLE(t) retourne TRUE si X n'est pas modifié pendant le temps t
— X'QUIET(t) crée un signal logique à TRUE si X n'est pas modifié pendant un temps t
— X'TRANSACTION crée un signal logique qui bascule lorsque X est change d'état

Exemple :

```
----------------------------------------------
type Etat is (DROITE, GAUCHE, HAUT, BAS, MILEIU);
subtype Indice is integer range 31 downto 0 ;

INDEX'left =31
INDEX'right =0
INDEX'low=0
INDEX'high=31

Indice'LOW = 0
Indice'LEFT =31
Indice'RIGHT = 0
Indice'HIGH = 31

Etat'VAL(0) = DROITE
Etat'VAL(1) = GAUCHE
Etat'POS(GAUCHE)  =2
Etat'PRED(BAS) = Etat
Indice'SUCC(20) = 21
Indice'RIGHTOF(20) = 19
----------------------------------------------
```

1.4 Les méthodes de description en VHDL

1.4.1 Introduction

Cette partie présente les différentes techniques de description d'un modèle (architecture) en VHDL. On en cite trois et on peut avoir aussi des architectures mixtes :

- La description comportemental ;
- La description par flot de données ;
- La description structurelle.

Également, on va voir dans cette partie une introduction sur la notion du processus en VHDL et un ensemble des instructions concurrentes et séquentielles.

1.4.2 La description comportementale

Une description comportementale fournit un algorithme qui modélise le fonctionnement du circuit. Dans la description comportementale, on utilise des processus (on verra dans la suite de cette partie, la notion des processus en VHDL), et des instructions itératives, séquentielles ou des fonctions concurrentes. Tout circuit peut être modélisé par un ou plusieurs processus qui s'exécutent en parallèle avec la possibilité que chaque processus s'exécute séquentiellement.

On va commencer par la définition d'un processus à travers des exemples et on verra l'illustration des différentes fonctions concurrentes en VHDL.

1.4.2.1 Les processus

On utilise souvent les processus en VHDL pour modéliser un système numérique avec la description comportementale. La déclaration d'un processus se trouve à l'intérieure d'une architecture, fonction ou procédure.

La déclaration d'un Processus :

```
---------------------------------------------
architecture behavioral of circuit_1 is
begin
process_name_1: process (sensivity list)
begin
        Inst 1 ;
        Inst 2 ;
        if ....
        else ...
        ...
end process process_name_1;
---------------------------------------------
```

Une déclaration de processus contient un modèle (succession d'instructions), elle commence par une étiquette (optionnelle), suivie du mot clé "process" et une liste des signaux (sensivity list). La liste de sensibilité indique les signaux qui vont déclencher l'exécution du processus.

La figure 1.11 illustre une architecture à trois processus indépendants et qui communique les données en parallèle. L'exécution d'un processus peut être séquentielle.

Exemple 1 : Le compteur binaire

```
1           ---------------------------------------------
2
3           library ieee;
4           use ieee.std_logic_1164.all;
5           use ieee.std_logic_arith.all;
6           use ieee.std_logic_unsigned.all;
7           use ieee.numeric_std;
8
9           ---------------------------------------------
10
11          entity ClkGen is
12
13              GENERIC
14          (
15            N : positive :=24;
16                   M : positive :=8
17          );
18
19           Port (
20                             clk_12M      : in  STD_LOGIC;
21                             CE           : in  STD_LOGIC:='0';
22                             RST          : in  STD_LOGIC:='0';
23
24                             Clk_6M       : out STD_LOGIC :='0';
25                             Clk_3M       : out STD_LOGIC :='0';
```

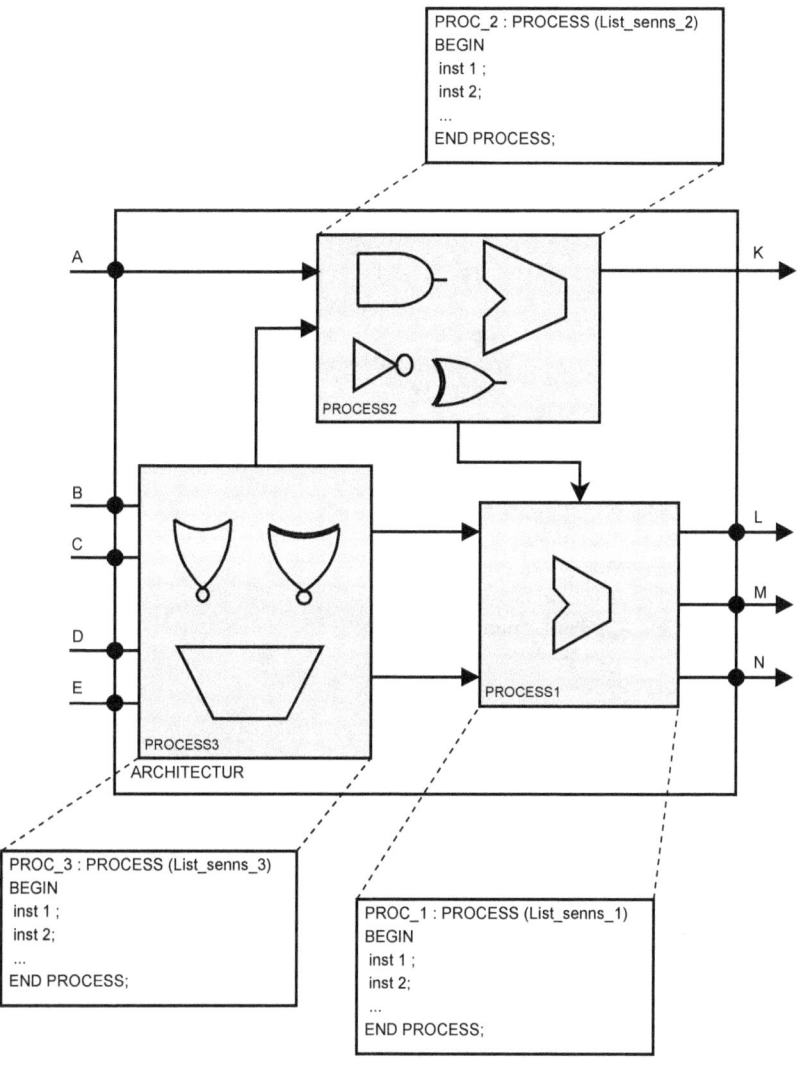

FIGURE 1.11 – Architecture multi-processus

```
26                              Clk_750k        : out  STD_LOGIC :='0';
27                              Clk_1P46k       : out  STD_LOGIC :='0';
28                              Clk_22P88       : out  STD_LOGIC :='0';
29                              Clk_11P44       : out  STD_LOGIC :='0';
30                              Clk_2P86        : out  STD_LOGIC :='0';
31                  );
32      end ClkGen
33
34      -----------------------------------------------
35
36      architecture Beh_ClkGen of ClkGen is
37
38      SIGNAL          Count_tmp : std_logic_vector(N-1 downto 0):= x"000000";
39      SIGNAL          Count_1_sec : std_logic_vector(N-1 downto 0):= x"000000";
40      CONSTANT        Value_1_sec : std_logic_vector(N-1 downto 0):= x"0B8D80";
```

```
41          SIGNAL          Clk_1_HZ_tmp : std_logic:='0';
42
43          -------------------------------------------
44
45              PROCESS (clk_12M, RST,CE)
46                  BEGIN
47                   IF RST ='1' THEN
48                           Count_tmp <= x"000000"; --(others =>'0')
49                   ELSIF (clk_12M'EVENT AND clk_12M='1') THEN
50                       IF CE ='1' THEN
51                               Count_tmp<= Count_tmp + 1 ;
52                       ELSE
53                               Count_tmp<=Count_tmp;
54                       END IF;
55                   END IF ;
56          END PROCESS;
57
58          Clk_6M<= Count_tmp(0);
59          Clk_3M<= Count_tmp(1);
60          Clk_750k<= Count_tmp(3);
61          Clk_1P46k<= Count_tmp(12);
62          Clk_22P88<= Count_tmp(18);
63          Clk_11P44<= Count_tmp(19);
64          Clk_2P86<= Count_tmp(N-2);
65
66              ...
67
68      end Beh_ClkGen;
```

Le processus se trouve entre les lignes 45 et 56. Il représente un compteur générique synchrone sur 24 bits (N=24, ligne 15) avec une entrée d'activation (CE) et une entrée d'initialisation (RST) asynchrone. Lorsque CE= '1', le compteur s'incrémente sinon le compteur maintient la valeur précédente (la valeur enregistrée en mémoire).

Le processus est sensible à une transition de l'horloge maitre clk_12M et les entrée CE et RST.

On verra par la suite, la différence entre une ré-initialisation synchrone/asynchrone, la syntaxe des instructions conditionnelles, itératives ou de sélections ainsi que d'autres fonctions séquentielles.

La différence majeure entre une fonction séquentielle et une fonction combinatoire (concurrentes) réside dans la capacité de cette dernière de mémoriser des événements antérieurs : une même combinaison des entrées, à un moment donné, pourra avoir des effets différents en fonctions des combinaisons précédentes des valeurs des mêmes entrées.

Dans les processus, il est possible d'utiliser des structures de contrôle similaires à celles du C :

  - Les instructions de test (if, case) ;
  - Les boucles (loop, for loop, while loop).

1.4.2.2 La fonction IF

C'est une fonction qui teste une ou plusieurs conditions. Si la condition est "TRUE", alors elle exécute les instructions qui suit la condition. Sinon "ELSE", elle exécute les instructions dédiées. Le bloc entre [ ] n'est pas obligatoire, en fonction du besoin.

La syntaxe la la fonction IF :

```
if condition_1 then
        inst 1;
        inst 2;
        ...
[elsif condition_2 then
        inst 3;
        inst 4;
        ...
else
        inst 5;
        inst 6;
        ...]
end if;
```

Exemple : Le décodeur BCD 7 Segments #1

```
1           -------------------------------------------
2
3           library ieee;
4           use ieee.std_logic_1164.all;
5           use ieee.std_logic_arith.all;
6           use ieee.std_logic_unsigned.all;
7           use ieee.numeric_std;
8
9           -------------------------------------------
10
11          entity BCD_7_SEG is
12              Port (           RST  : in  STD_LOGIC;
13                               CLK  : in  STD_LOGIC;
14                               EN   : in  STD_LOGIC;
15                               E    : in  STD_LOGIC_VECTOR (3 downto 0);
16                               SEG7 : out STD_LOGIC_VECTOR (7 downto 0));
17          end BCD_7_SEG;
18
19          -------------------------------------------
20
21          architecture Behavioral of BCD_7_SEG is
22
23          SIGNAL        Seg_temp : std_logic_vector(7 downto 0):=x"C0";  -- '0'
24          TYPE          T_DATA is array (0 to 9) of std_logic_vector(7 downto 0);
25          CONSTANT SEG_7 : T_DATA :=
26                  (
27                               x"C0",  -- '0'
28                               x"F9",  -- '1'
29                               x"A4",  -- '2'
30                               x"B0",  -- '3'
31                               x"99",  -- '4'
```

```
32                                        x"92",  -- '5'
33                                        x"82",  -- '6'
34                                        x"F8",  -- '7'
35                                        x"80",  -- '8'
36                                        x"90"   -- '9'
37                            );
38
39          begin
40                  PROCESS (CLK,RST)
41                  BEGIN
42                          IF RST = '1' THEN
43                                  Seg_temp <= x"C0";  -- '0'
44                          ELSIF (CLK'EVENT AND CLK='1') THEN
45                                  IF EN ='1' THEN
46                                          CASE E IS
47                                                  WHEN x"0" => Seg_temp<=SEG_7(0);
48                                                  WHEN x"1" => Seg_temp<=SEG_7(1);
49                                                  WHEN x"2" => Seg_temp<=SEG_7(2);
50                                                  WHEN x"3" => Seg_temp<=SEG_7(3);
51                                                  WHEN x"4" => Seg_temp<=SEG_7(4);
52                                                  WHEN x"5" => Seg_temp<=SEG_7(5);
53                                                  WHEN x"6" => Seg_temp<=SEG_7(6);
54                                                  WHEN x"7" => Seg_temp<=SEG_7(7);
55                                                  WHEN x"8" => Seg_temp<=SEG_7(8);
56                                                  WHEN x"9" => Seg_temp<=SEG_7(9);
57                                                  WHEN OTHERS => Seg_temp<=SEG_7(0);
58                                          END CASE ;
59                                  ELSE
60                                          Seg_temp <= Seg_temp;  -- Mémorisation
61                                  END IF;
62                          END IF;
63                  END PROCESS;
64
65                  SEG7<=Seg_temp;
66
67          end Behavioral;
68
69          ---------------------------------------------
70
```

Exemple : Décodeur BCD 7 Segments 1 #2

```
1           ---------------------------------------------
2
3           library ieee;
4           use ieee.std_logic_1164.all;
5           use ieee.std_logic_arith.all;
6           use ieee.std_logic_unsigned.all;
7           use ieee.numeric_std;
8
9           ---------------------------------------------
10
11          entity BCD_7_SEG is
12              Port (
```

```
13                        RST          : in  STD_LOGIC;
14                        CLK          : in  STD_LOGIC;
15                        EN           : in  STD_LOGIC;
16                        E            : in  STD_LOGIC_VECTOR (3 downto 0);
17                        SEG7         : out STD_LOGIC_VECTOR (7 downto 0));
18     end BCD_7_SEG;
19
20     ---------------------------------------------
21
22     architecture Behavioral of BCD_7_SEG is
23
24     SIGNAL         Seg_temp : std_logic_vector(7 downto 0):=x"C0";  -- '0'
25     --TYPE           T_DATA is array (0 to 9) of std_logic_vector(7 downto 0);
26     --CONSTANT SEG_7 : T_DATA :=(
27     --        x"C0",  -- '0'
28     --        x"F9",  -- '1'
29     --        x"A4",  -- '2'
30     --        x"B0",  -- '3'
31     --        x"99",  -- '4'
32     --        x"92",  -- '5'
33     --        x"82",  -- '6'
34     --        x"F8",  -- '7'
35     --        x"80",  -- '8'
36     --        x"90" -- '9'
37     --        );
38
39     begin
40             PROCESS (CLK,RST)
41             BEGIN
42                     IF RST = '1' THEN
43                             Seg_temp <= x"C0";  -- '0'
44                     ELSIF (CLK'EVENT AND CLK='1') THEN
45                         IF EN ='1' THEN
46                                 CASE E IS
47                                         WHEN x"0" => Seg_temp<=x"C0";
48                                         WHEN x"1" => Seg_temp<=x"F9";
49                                         WHEN x"2" => Seg_temp<=x"A4";
50                                         WHEN x"3" => Seg_temp<=x"B0";
51                                         WHEN x"4" => Seg_temp<=x"99";
52                                         WHEN x"5" => Seg_temp<=x"92";
53                                         WHEN x"6" => Seg_temp<=x"82";
54                                         WHEN x"7" => Seg_temp<=x"F8";
55                                         WHEN x"8" => Seg_temp<=x"80";
56                                         WHEN x"9" => Seg_temp<=x"90";
57                                         WHEN OTHERS => Seg_temp<=x"C0";
58                                 END CASE ;
59                         ELSE
60                                 Seg_temp <= Seg_temp;  -- Mémorisation
61                         END IF;
62                     END IF;
63             END PROCESS;
64
65             SEG7<=Seg_temp;
66
67     end Behavioral;
```

```
68
69     ----------------------------------------------
70
```

Les signaux du décodeur BCD 7 segments (figure 1.12)

- CE : Entrée sur 1 bit, activation de l'afficheur 7 segments ;
- RST : Entrée sur 1 bit, réutilisation de l'afficheur ;
- CLK : Entrée sur 1 bit, Horloge d'affichage ;
- E : Entrée sur 4 bits, donnée BCD à affichée ;
- SEG7 : Sortie sur 8 bits, donnée codée en 7 segments.

Les deux programmes cités précédemment, montrent un exemple concret de l'utilisation de la fonction CASE. Le circuit est un décodeur BCD 7 segments d'un digit. Dans le premier exemple, la notion d'un tableau des constantes est illustrée et un processus de sélection basé sur la fonction CASE. Cette dernière, permet de récupérer une valeur constante dans un tableau à partir de l'indice sélectionné (valeur de sélection). La valeur de sélection est l'entrée E sur 4 bits.

Le deuxième exemple permet d'avoir le même fonctionnement mais d'une façon optimale. Le processus de sélection récupère directement la constante par une simple affectation.

Note : Le décodeur est un circuit séquentiel synchrone. L'attribut synchrone vient de l'utilisation d'une horloge dédiée à la synchronisation des données des E/S. Aussi, l'aspect séquentiel vient de l'utilisation des fonctions qui se déroule d'une façon séquentielle (L'exécution dans un ordre bien précis dans le temps).

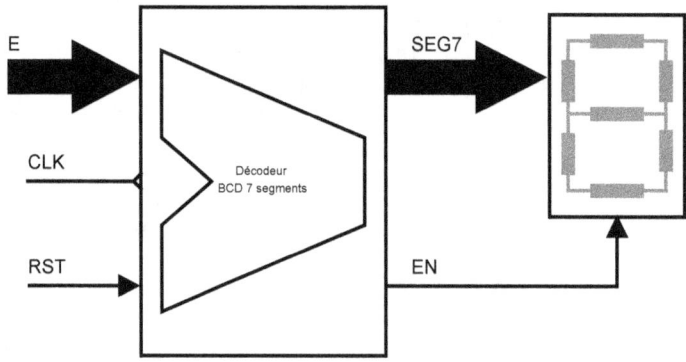

FIGURE 1.12 – Le décodeur BCD 7 Segments

1.4.2.3 La fonction WHILE LOOP

L'instruction WHILE ... LOOP est une instruction de boucle. Elle permet d'exécuter une ou plusieurs instructions tant que la condition de test est vraie. La boucle est sauté dans le cas contraire.

La syntaxe de la fonction WHILE

```
while_name: while Condition loop
        Inst 1 ;
        Inst 2 ;
        Inst 3 ;
        ...

end loop while_name;
```

Note : Le déroulement des instruction se fait d'une façon séquentielle, d'où l'obligation d'utiliser un processus.

L'Exemple d'un compteur :

```
1              ------------------------------------------
2              ...
3              up_count: process
4              begin
5                      while Count_tmp <Count_max loop
6                              Count_tmp<= Count_tmp+1;
7                              wait for 10 ns; -- non synthétisable
8                      end loop ;
9              end process;
10
11             ------------------------------------------
12
13             init_count: process
14             begin
15                     if Count_tmp = Count_max then
16                             Count_tmp <='0';
17                     else
18                             Count_tmp <= Count_tmp ;
19                     end if ;
20             end process
21             ...
22             ------------------------------------------
23
```

La fonction exit

On peut quitter la boucle avec ou sans condition en utilisant la fonction exit. La déclaration exit est supportée par certains outils de synthèse logique imposant des restrictions.

```
1              ------------------------------------------
2              ...
3              Exemple_1: process
4              begin
5                      while loop_condition loop
6                              Inst 1 ;
7                              inst 2 ;
8                              Inst 3 ;
9                              ...
10                             exit when exit_condition;
11                     end loop ;
12             end process;
13
```

```
14         -----------------------------------------------
15
16         Exemple_2: process
17         begin
18                 while loop_condition loop
19                         Inst 1 ;
20                         inst 2 ;
21                         Inst 3 ;
22                         ...
23                         if exit_condition then
24                                 exit ;
25                         end if;
26                 end loop ;
27         end process;
28         ...
29
30         -----------------------------------------------
31
32         Exemple_3: process
33         begin
34                 while loop_conditionion loop
35                         Inst 1 ;
36                         inst 2 ;
37                         Inst 3 ;
38                         ...
39                         if exit_condition then
40                                 loop_condition <= FALSE ;
41                         end if;
42                 end loop ;
43         end process;
44         ...
45
46         -----------------------------------------------
47
```

1.4.2.4 Fonction LOOP

La fonction de boucle LOOP est équivalente à la fonction WHILE ... LOOP avec une condition tout le temps vraie(TRUE).

La syntaxe de la fonction WHILE

```
loop_name: loop
        Inst 1 ;
        Inst 2 ;
        Inst 3 ;
        ...
end loop loop_name;
```

Exemple :

```
1          -----------------------------------------------
2          ...
3          process
4          begin
```

```
5                    loop
6                        i <= i +1;
7                        wait for 10 ns;
8                        if i = i_max  then
9                                i<='0';
10                       end if;
11               end loop ;
12          end process;
13          ...
14          --------------------------------------------
```

1.4.2.5 La fonction FOR LOOP

Dans sa syntaxe, il suffit de préciser le nom de la variable du compteur et éventuellement sa valeur initiale et finale. La boucle d'un compteur interne incrémente la variable
de la boucle d'une unité pour chaque itération.

La syntaxe de la fonction FOR LOOP

```
for_name: for sig_or_var in range loop
      Inst 1 ;
      Inst 2 ;
      Inst 3 ;
      ...
end loop for_name;
```

Les paramètres de la boucle n'ont pas besoin d'être déclarés. Il est implicitement déclaré
dans la boucle. Il ne peut pas être modifié dans la boucle.

```
for_name: for param_boucle in 0 to 100 loop
      ...
      param_boucle :=param_boucle +2 ; --Illégale
      ...
end loop for_name;
```

Les attributs tels que 'high' et 'low' peuvent également être utilisés pour définir les
valeurs limites de la boucle.

Des exemples :

```
1          --------------------------------------------
2          ...
3          Exemple_1 : process
4          variable var_1,var_2 : std_logic :='0';
5          begin
6                  for i in 0 to 10 loop
7                          if i = 4 then
8                                  var_1 := '1';
9                          elsif i=8 then
10                                 var_2 := '1';
11                         else
12                                 var_1:='0';
13                                 var_2:='0';
14                         end if;
15                 end loop ;
```

```
16          end process Exemple_1;
17          ...
18
19          ----------------------------------------
20          ...
21          Exemple_2 : process
22          variable var_pair,var_impair : std_logic :='0';
23          variable mod_result :='0';
24          begin
25                  for i in val_min to val_max loop
26
27                          mod_result := i mod 2 ;
28                          -- Modulo :
29                                  -- mod(2*N)=0
30                                  -- mod(2*N + 1)=1
31                          if mod_result = 0 then
32                                  var_pair := '1';
33                                  var_impair :='0';
34                          else
35                                  var_pair := '0';
36                                  var_impair :='1';
37                          end if;
38                  end loop ;
39          end process Exemple_1;
40          ...
41          ----------------------------------------
42
```

1.4.3 La description flot de donnée

1.4.3.1 Introduction

La description flot de données est la description des équations logiques combinatoires (concurrentes). Cette description est plus adaptée aux circuits de petite taille.

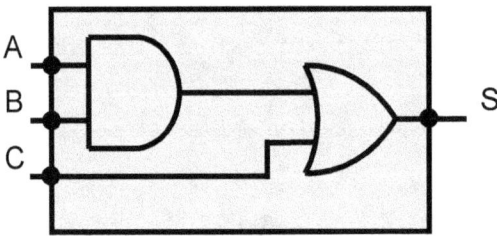

FIGURE 1.13 – Exemple de description flot de données

La description du circuit de la figure 1.13 :

```
1           ----------------------------------------
2
3           library ieee;
4           use ieee.std_logic_1164.all;
5           use ieee.std_logic_arith.all;
```

```
6          use ieee.std_logic_unsigned.all;
7          use ieee.numeric_std;
8
9          ----------------------------------------------
10
11         entity flot_donne is
12                 Port (
13                         A : in STD_LOGIC;
14                         B : in STD_LOGIC;
15                         C : in STD_LOGIC;
16
17                         S : out STD_LOGIC
18                 );
19         end flot_donne;
20
21         ----------------------------------------------
22         -- Architecture 1
23         architecture Beh_flotD of flot_donne is
24         begin
25                 S<= (A and B) or C ;
26         end Beh_flotD;
27
28         ----------------------------------------------
29         -- Architecture 2
30         architecture Beh_flotD of flot_donne is
31         signal sig_and: std_logic :='0';
32         begin
33                 sig_and <= A and B;
34                 S<= sig_and or C;
35         end Beh_flotD;
36
37         ----------------------------------------------
38         -- Architecture 3
39         architecture Beh_flotD of flot_donne is
40         begin
41                 S<= '1' when (A = '1' and B='1') or (C='1') else
42                 '0' ;
43         end Beh_flotD;
44
45         ----------------------------------------------
```

- Architecture 1 : La description du circuit par des opérations combinatoires (and et or) ;
- Architecture 2 : La description par la fonction WHEN ELSE ;
- Architecture 3 : La description par la fonction SELECT.

1.4.3.2 La fonction WHEN ELSE

WHEN ELSE est une fonction de test qui permet d'affecter une valeur en fonction du test. La fonction WHEN remplace l'écriture IF THEN (ou CASE) avantageusement car il permet l'imbrication des tests tout en respectant l'aspect combinatoire du programme. Contrairement aux fonctions IF ou CASE qui nécessitent un processus.

La syntaxe de la fonction WHEN :

```
nom_when: param_when <=
        val_1 WHEN when_condition_1 ELSE
        val_2 WHEN when_condition_2 ELSE
        val_3 WHEN when_condition_3 ELSE
        val_4 WHEN when_condition_4 ELSE
        ...
        val_autres;
```

L' exemple d'un Multiplexeur 4 vers 1 :

```
1          ------------------------------------------------
2
3          library IEEE;
4          use IEEE.STD_LOGIC_1164.ALL;
5
6          ------------------------------------------------
7
8          entity MUX_4_1 is
9              Port (
10                 IN1  : in  STD_LOGIC;
11                 IN2  : in  STD_LOGIC;
12                 IN3  : in  STD_LOGIC;
13                 IN4  : in  STD_LOGIC;
14                 SEL0 : in  STD_LOGIC;
15                 SEL1 : in  STD_LOGIC;
16                 OUT1 : out STD_LOGIC);
17         end MUX_4_1;
18
19         ------------------------------------------------
20
21         architecture Behavioral of MUX_4_1 is
22         signal sel : STD_LOGIC_VECTOR(1 downto 0) :=b"00";
23         begin
24                 sel <= SEL1 & SEL0;
25
26                 muxx_4_1: OUT1 <=
27                         IN1 when sel=b"00" else
28                         IN2 when sel=b"01" else
29                         IN3 when sel=b"10" else
30                         IN4 when sel=b"11" else
31                         'X';
32
33         end Behavioral;
34
35         ------------------------------------------------
36
```

1.4.3.3 La fonction SELECT

Cette instruction est semblable à la précédente (WHEN) avec en plus une précision préalable du signal sur lequel vont se porter les conditions. La fonction SELECT permet de remplacer un process simple qui ne contient qu'une boucle IF/CASE avec l'affectation sur un **SEUL** signal.

La syntaxe de la fonction SELECT :

```
with param_select select
out_param <=
        val_out_1 WHEN select_val_1,
        val_out_2 WHEN select_val_2,
        val_out_3 WHEN select_val_3,
        val_out_4 WHEN select_val_4,
        ...
        val_out_autres when others ;
```

Note : **when others** est nécessaire dans la plupart des fonctions citées précédemment, car il faut toujours définir les autres cas du signal de sélection pour prendre en compte toutes les valeurs possibles du signal. Dans le cas échéant, le circuit peut avoir un comportement aléatoire.

L' Exemple 1 : Le multiplexeur 4 vers 1

```
1            ---------------------------------------------
2
3            library IEEE;
4            use IEEE.STD_LOGIC_1164.ALL;
5
6            ---------------------------------------------
7
8            entity MUX_4_1 is
9                Port (
10                     IN1  : in  STD_LOGIC;
11                     IN2  : in  STD_LOGIC;
12                     IN3  : in  STD_LOGIC;
13                     IN4  : in  STD_LOGIC;
14                     SEL0 : in  STD_LOGIC;
15                     SEL1 : in  STD_LOGIC;
16                     OUT1 : out STD_LOGIC);
17            end MUX_4_1;
18
19           ---------------------------------------------
20
21           architecture Behavioral of MUX_4_1 is
22           signal sel : STD_LOGIC_VECTOR(1 downto 0) :=b"00";
23           begin
24                   sel <= SEL1 & SEL0;
25
26                   with sel select
27                   OUT1 <=
28                           IN1 when b"00", -- C'est bien une virgule !
29                           IN2 when b"01",
30                           IN3 when b"10",
31                           IN4 when b"11",
32                           'X' when others ; -- INX when others;
33
34           end Behavioral;
35
36           ---------------------------------------------
```

Exemple 2 : Le décodeur Code 1 ⇒ Code 2 - 1/2

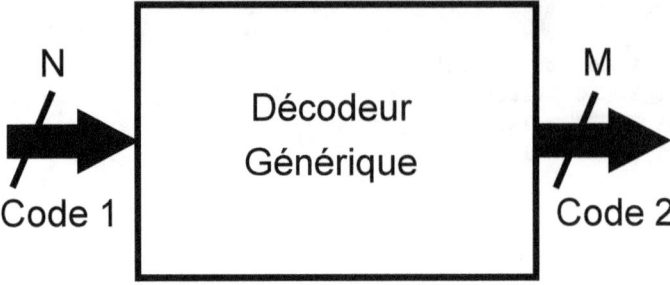

FIGURE 1.14 – Le décodeur générique avec la fonction Select

```
1          ----------------------------------------
2
3          library ieee;
4          use ieee.std_logic_1164.all;
5
6          ----------------------------------------
7
8          entity Decod_gen is
9                  Port(
10                          code_in  : in  STD_LOGIC_VECTOR(3 downto 0);-- N=4
11                          code_out : out STD_LOGIC_VECTOR(7 downto 0) -- M=8
12                          );
13                  end Decod_gen;
14
15         ----------------------------------------
16
17         architecture Behavioral of Decod_gen is
18         begin
19
20                  with code_in select
21                  code_out <=
22                          x"25" when x"0",
23                          x"41" when x"1",
24                          x"10" when x"2",
25                          x"89" when x"3",
26                          x"96" when x"4",
27                          x"A4" when x"5",
28                          x"B1" when x"6",
29                          x"52" when x"7",
30                          x"49" when x"8",
31                          x"DD" when x"9",
32                          x"DA" when x"A",
33                          x"9A" when x"B",
34                          x"C1" when x"C",
35                          x"FF" when x"D",
36                          x"E9" when x"E",
37                          x"9A" when x"F",
38                          x"00" when others ;
39
40         end Behavioral;
41
```

```
42              ---------------------------------------------
```

L' Exemple 2 : Le décodeur Code 1 ⇒ Code 2 - 2/2

```
1               ---------------------------------------------
2
3               library ieee;
4               use ieee.std_logic_1164.all;
5
6               ---------------------------------------------
7
8               entity Decod_gen is
9                       generic (
10                              N : positive :=8;
11                              M : positive :=8
12                              );
13                      Port(
14                              code_in  : in  STD_LOGIC_VECTOR(N downto 0);-- N=8
15                              code_out : out STD_LOGIC_VECTOR(M downto 0) -- M=8
16                              );
17                      end Decod_gen;
18
19              ---------------------------------------------
20
21              architecture Behavioral of Decod_gen is
22
23              TYPE    T_DATA is array (0 to 9) of std_logic_vector(N-1 downto 0);
24
25              CONSTANT code_1 : T_DATA :=(
26                      x"01",
27                      x"14",
28                      x"20",
29                      x"30",
30                      x"4A",
31                      x"54",
32                      x"60",
33                      x"A8",
34                      x"BB",
35                      x"F0");
36
37              CONSTANT code_2 : T_DATA :=(
38                      x"51",
39                      x"64",
40                      x"20",
41                      x"33",
42                      x"AA",
43                      x"55",
44                      x"64",
45                      x"AE",
46                      x"B0",
47                      x"FF");
48
49      begin
50
51                      with code_in select
```

```
52              code_out <=
53                      code_1(0) when code_2(0),
54                      code_1(1) when code_2(1),
55                      code_1(2) when code_2(2),
56                      code_1(3) when code_2(3),
57                      code_1(4) when code_2(4),
58                      code_1(5) when code_2(5),
59                      code_1(6) when code_2(6),
60                      code_1(7) when code_2(7),
61                      code_1(8) when code_2(8),
62                      code_1(9) when code_2(9),
63                      x"00" when others ;
64
65      end Behavioral;
66
67      -------------------------------------------
```

1.4.4 La description structurelle

1.4.4.1 Introduction

La description structurelle en VHDL est un assemblage entre plusieurs composants. On peut structurer et séparer ces composants en petits blocs pour avoir une description simple(figure 1.15).

Les règles de la description structurelle :

- Un composant peut être appelé plusieurs fois dans un même circuit ;
- Pour différencier ces mêmes composants il faut donner un nom d'instance ;
- Un composant peut être générique ou non.

L'appel d'un composant se dit aussi "**instanciation**". La figure 1.15 est constituée de 4 composants. Pour instancier un composant, il faut connaitre :

- Le prototype du composant (ports d' E/S) qui peut être défini par la directive **COMPONENT** ;
- L'unité de configuration permet de choisir l'architecture utilisée pour chaque instance de composant.

Afin de comprendre les phases de conception d'une description structurelle, on va étudier le circuit de la figure 1.15.

1.4.4.2 Phases de la description structurelle d'un circuit

Les objets de l'architecture globale du circuit :

- Les quatre composants (Circuit_1..4) ;
- Les quatre signaux(S1..S4).

La phase 1 : La description de chaque composant (entité/architecture) indépendant

Composant 1 :

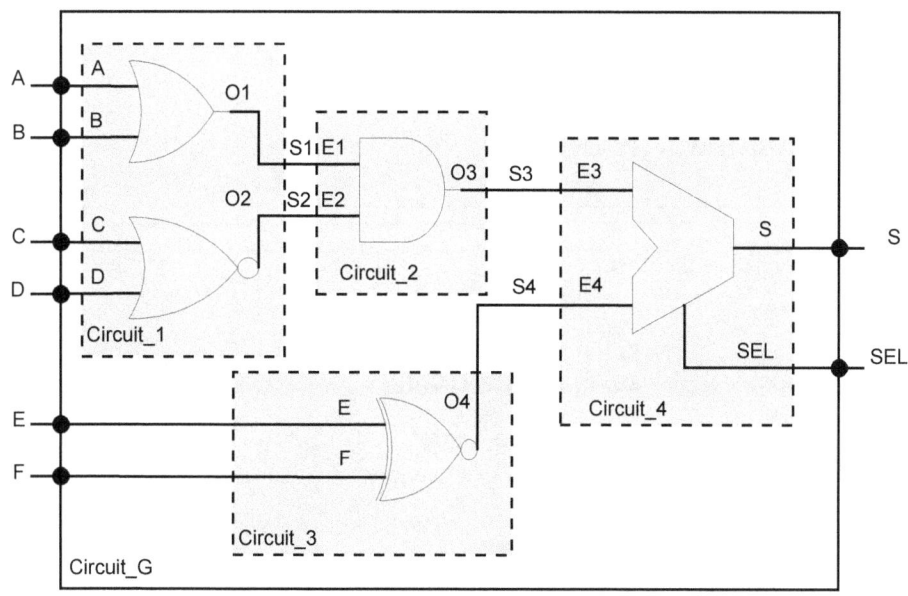

FIGURE 1.15 – La description structurelle d'un circuit

```
1          ------------------------------------------------
2
3          library ieee;
4          use ieee.std_logic_1164.all;
5
6          ------------------------------------------------
7
8          entity Circuit_1 is
9
10                 Port(
11                         A  :  in   STD_LOGIC;
12                         B  :  in   STD_LOGIC;
13                         C  :  in   STD_LOGIC;
14                         D  :  in   STD_LOGIC;
15
16                         O1 :  out  STD_LOGIC;
17                         O2 :  out  STD_LOGIC
18                         );
19                 end Circuit_1;
20
21          ------------------------------------------------
22
23          architecture Behavioral of Circuit_1 is
24
25
26          begin
27                  O1 <= A OR B;
28                  O2 <= C NOR D;
29          end Behavioral;
30
31          ------------------------------------------------
```

Composant 2 :

```
1            ------------------------------------------------
2
3            library ieee;
4            use ieee.std_logic_1164.all;
5
6            ------------------------------------------------
7
8            entity Circuit_2 is
9
10                   Port(
11                           E1  : in  STD_LOGIC;
12                           E2  : in  STD_LOGIC;
13
14                           O3 : out STD_LOGIC
15                           );
16                   end Circuit_2;
17
18           ------------------------------------------------
19
20           architecture Behavioral of Circuit_2 is
21
22
23           begin
24                   O3 <= E1 AND E2;
25           end Behavioral;
26
27           ------------------------------------------------
```

Composant 3 :

```
1            ------------------------------------------------
2
3            library ieee;
4            use ieee.std_logic_1164.all;
5
6            ------------------------------------------------
7
8            entity Circuit_3 is
9
10                   Port(
11                           E  : in  STD_LOGIC;
12                           F  : in  STD_LOGIC;
13
14                           O4 : out STD_LOGIC
15                           );
16                   end Circuit_3;
17
18           ------------------------------------------------
19
20           architecture Behavioral of Circuit_3 is
21
22
23           begin
24                   O4 <= NOT (E XOR F);
25           end Behavioral;
```

```
26
27          ---------------------------------------------
```

Composant 4 :

```
1          ---------------------------------------------
2
3          library ieee;
4          use ieee.std_logic_1164.all;
5
6          ---------------------------------------------
7
8          entity Circuit_4 is
9
10              Port(
11                      E3  : in  STD_LOGIC;
12                      E4  : in  STD_LOGIC;
13                      SEL : in  STD_LOGIC;
14                      S   : out STD_LOGIC
15                      );
16              end Circuit_4;
17
18          ---------------------------------------------
19
20          architecture Behavioral of Circuit_4 is
21
22
23          begin
24              process(SEL,E3, E4)
25              begin
26                      if(SEL = '0') then
27                              S<= E3;
28                      elsif (SEL = '1') then
29                              S<= E4 ;
30                      else
31                              S<= '0';
32                      end if ;
33              end process;
34
35          end Behavioral;
36
37          ---------------------------------------------
```

La phase 2 : Instantiation des composants

L'instanciation d'un composant est une déclaration qui permet d'établir des connexions manuellement entre les circuits. Elle est souvent utilisée pour la description des circuits au haut niveau de la conception.

La description structurelle en VHDL définit le comportement en décrivant comment les composants sont connectés. La déclaration d'instanciation relie un composant déclaré avec des signaux de l'architecture.

L'instanciation dispose de 3 éléments clés :

- L'étiquette : L'identifiant unique instance du composant ;

- Le type du composant : La sélection du composant déclaré souhaité ;
- Le port map : La connection du composant avec des signaux de l'architecture.

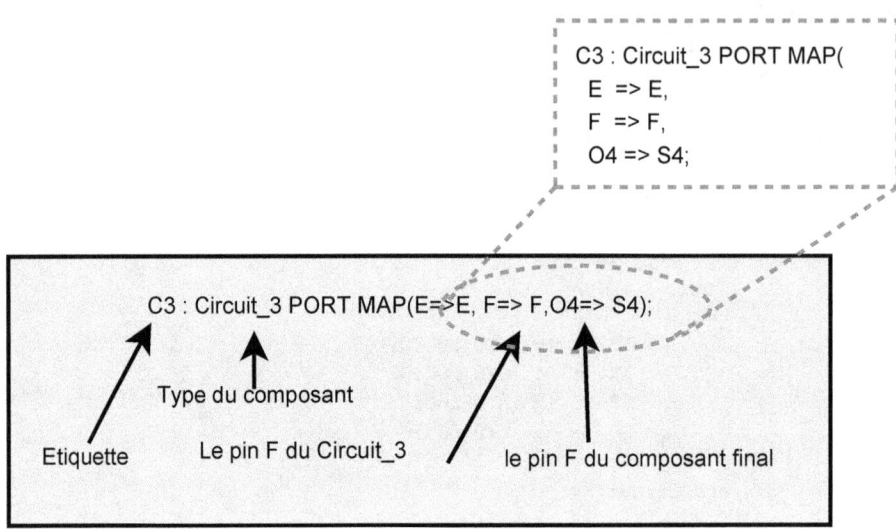

FIGURE 1.16 – L'instanciation d'un composant

La description structurelle du circuit :

```
1               -----------------------------------------------
2
3               library ieee;
4               use ieee.std_logic_1164.all;
5
6               -----------------------------------------------
7
8               entity Circuit_G is
9
10                      Port(
11                              A   : in  STD_LOGIC;
12                              B   : in  STD_LOGIC;
13                              C   : in  STD_LOGIC;
14                              D   : in  STD_LOGIC;
15                              E   : in  STD_LOGIC;
16                              F   : in  STD_LOGIC;
17                              SEL: in  STD_LOGIC;
18                              S   : out STD_LOGIC
19                              );
20                      end Circuit_G;
21
22              -----------------------------------------------
23
24              architecture Behavioral of Circuit_G is
25
26              -- Déclaration des signaux intermédiaires
27              signal S1, S2, S3, S4 : STD_LOGIC;
28
29              -- Déclaration des composants
30              component Circuit_4 Port(
```

```
31                        E3  : in  STD_LOGIC;
32                        E4  : in  STD_LOGIC;
33                        SEL : in  STD_LOGIC;
34                        S   : out STD_LOGIC
35                        );
36         end component;
37
38         component Circuit_3 Port(
39                        E  : in  STD_LOGIC;
40                        F  : in  STD_LOGIC;
41
42                        O4 : out STD_LOGIC
43                        );
44         end component;
45
46         component Circuit_2 Port(
47                        E1  : in  STD_LOGIC;
48                        E2  : in  STD_LOGIC;
49
50                        O3 : out STD_LOGIC
51                        );
52         end component;
53
54         component Circuit_1 Port(
55                        A  : in  STD_LOGIC;
56                        B  : in  STD_LOGIC;
57                        C  : in  STD_LOGIC;
58                        D  : in  STD_LOGIC;
59
60                        O1 : out STD_LOGIC;
61                        O2 : out STD_LOGIC
62                        );
63         end component;
64
65
66         begin
67                -- Instanciation des composants
68                C1 : Circuit_1 PORT MAP(
69                        A  => A,
70                        B  => B,
71                        C  => C,
72                        D  => D;
73                        O1 => S1;
74                        O2 => S2;
75
76                C2 : Circuit_2 PORT MAP(
77                        E1  => S1,
78                        E2  => S2,
79                        O3  => S3;
80
81                C3 : Circuit_3 PORT MAP(
82                        E  => E,
83                        F  => F,
84                        O4 => S4;
85
```

```
86              C4 : Circuit_4 PORT MAP(
87                      E3  => S3,
88                      E4  => S4,
89                      SEL => SEL,
90                      S   => S;
91
92      end Behavioral;
93
94      ---------------------------------------------
```

1.4.5 Des exemples pratiques en VHDL

1.4.5.1 Introduction

Cette partie est entièrement consacrée à l'étude et la mise en pratique des notions de bases en VHDL citées dans les parties précédentes. On va traiter la description comportementale, flot de données ou mixte.

Vous avez, ci-dessous, une liste des exemples :

- Le registre à décalage ;
- Le compteur / décompteur ;
- Le détecteur des fronts ;
- Le TDC (Time to Digital Converter) : Convertisseur d'une largeur d'impulsion en un mot binaire ;
- Le compteur d'une séquence numérique ;
- Le détecteur de la valeur maximale ;
- Le limiteur du signal numérique ;

1.4.5.2 Les notions d'une réinitialisation Synchrone / Asynchrone

Pourquoi un signal RESET (figure 1.17) ?

Le signal RESET de réinitialisation est nécessaire pour :

- Pour forcer le circuit dans un état sûr pour la simulation ;
- Au démarrage du circuit réel ;
- Pendant le fonctionnement par des circuits spéciaux (watchdog circuits).

La réinitialisation Synchrone :

Le Reset est pris en compte à l'arrivée du front d'horloge. Le signal de réinitialisation est appliqué comme tout autre entrée de la logique combinatoire (état futur du circuit). Une réinitialisation permet d'avoir un circuit complètement synchrone.

Des contraintes sur le signal de réinitialisation :

- La logique combinatoire évoluée qui peut annuler le signal de réinitialisation (besoin d'une pipeline) ;
- L'impulsion de réinitialisation doit être assez large de telle sorte qu'elle soit vue pendant l'arrivée du front de l'horloge, c.à.d il faut que la durée de l'impulsion de

signal de réinitialisation soit suffisamment longue par rapport à la durée du signal de l'horloge.

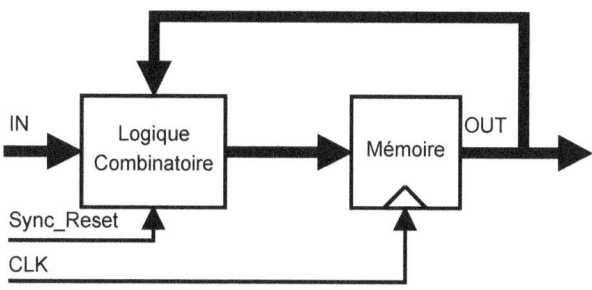

FIGURE 1.17 – Le RESET Asynchrone

La réinitialisation Asynchrone :

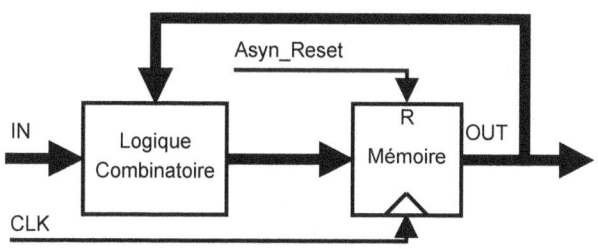

FIGURE 1.18 – Le RESET Synchrone

La réinitialisation asynchrone possède une priorité supérieure sur tout autre signal. Le circuit se réinitialise avec ou sans présence de front de l'horloge (figure 1.18).

1.4.5.3 Registre à décalage

Le décalage à droite

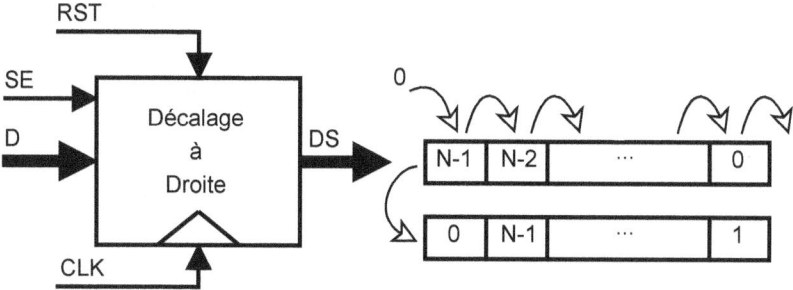

FIGURE 1.19 – LE décalage à droite

Le circuit illustré dans la figure 1.19 permet de décaler un registre sur N bits à droite d'un bit. L'opération du décalage peut se faire en deux instructions : L'initialisation du bit du poids fort à 0 et la transmission des bits [N-1 : 1] du registre de l'entrée (D) au bits [N-2 : 0] du registre de la sortie (DS).

Les signaux du circuit :

- **RST** : L'entrée de ré-initialisation ;
- **SE** : L'entrée d'activation du décalage (Shift Enable) ;
- **CLK** : L'entrée de l'horloge ;
- **D** : La donnée d'entrée sur 8 bits ;
- **DS** : La donnée décalée sur 8 bits.

Le programme VHDL du circuit :

```
1               ---------------------------------------------
2
3               library IEEE;
4               use IEEE.STD_LOGIC_1164.ALL;
5
6               ---------------------------------------------
7
8               entity Decal_D is
9                   Port (
10                          RST : in   STD_LOGIC;
11                          SE  : in   STD_LOGIC;
12                          CLK : in   STD_LOGIC;
13                          D   : in   STD_LOGIC_VECTOR (7 downto 0);
14                          DS  : out  STD_LOGIC_VECTOR (7 downto 0));
15              end Decal_D;
16
17              ---------------------------------------------
18
19              architecture Behavioral of Decal_D is
20
21              begin
22                      process (CLK, RST,SE)
23                      variable DS_temp : STD_LOGIC_VECTOR (7 downto 0);
24                      begin
25                              if RST ='1' then
26                                      DS_temp  := (others => '0');
27                              elsif (CLK'event and CLK='1') then
28                                      if SE ='0' then
29                                              DS_temp  := (others => '0');
30                                      elsif SE ='1' then
31                                              DS_temp (7) := '0'; -- [N-1]<=== 0
32                                              DS_temp (6 downto 0) := D(7 downto 1);
33                                      else
34                                              DS_temp := DS_temp;
35                                      end if;
36                              end if;
37                              DS<=DS_temp;
38                      end process;
39              end Behavioral;
40
41              ---------------------------------------------
```

La simulation avec Xilinx ISE :

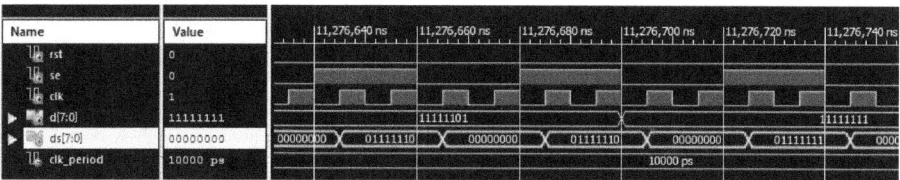

FIGURE 1.20 – La simulation du circuit de décalage à droite

Le décalage à gauche

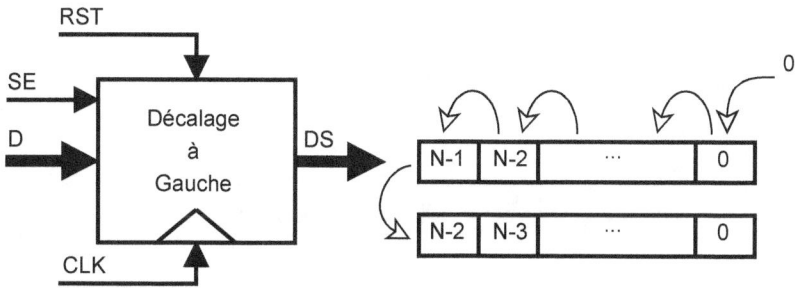

FIGURE 1.21 – Le décalage à gauche

Le programme VHDL du circuit :

```
1              ------------------------------------------------
2
3              library IEEE;
4              use IEEE.STD_LOGIC_1164.ALL;
5
6              ------------------------------------------------
7
8              entity Decal_G is
9                  Port (
10                      RST : in   STD_LOGIC;
11                      SE  : in   STD_LOGIC;
12                      CLK : in   STD_LOGIC;
13                      D   : in   STD_LOGIC_VECTOR (7 downto 0);
14                      DS  : out  STD_LOGIC_VECTOR (7 downto 0));
15             end Decal_G;
16
17             ------------------------------------------------
18
19             architecture Behavioral of Decal_G is
20
21             begin
22                     process (CLK, RST,SE)
23                     variable DS_temp : STD_LOGIC_VECTOR (7 downto 0);
24                     begin
25                             if RST ='1' then
```

```
26                                    DS_temp   := (others => '0');
27                       elsif (CLK'event and CLK='1') then
28                            if SE ='0' then
29                                    DS_temp   := (others => '0');
30                            elsif SE ='1' then
31                                    DS_temp (0) := '0';
32                                    DS_temp (7 downto 1) := D(6 downto 0);
33                            else
34                                    DS_temp := DS_temp;
35                            end if;
36                       end if;
37                       DS<=DS_temp;
38               end process;
39         end Behavioral;
40
41         ----------------------------------------------
```

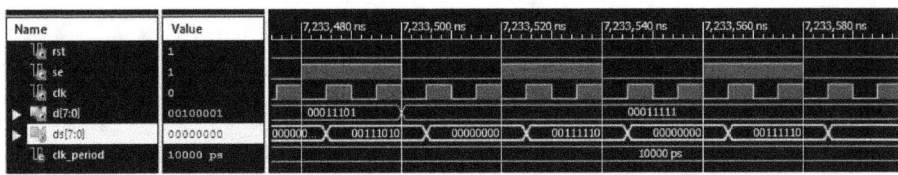

FIGURE 1.22 – La simulation du circuit de décalage à gauche

Le décalage à droite et à gauche

Les signaux du circuit :

- **RST** : L'entrée de ré-initialisation ;
- **SE_D** : L'entrée d'activation du décalage à droite ;
- **SE_G** : L'entrée d'activation du décalage à gauche ;
- **CLK** : L'entrée de l'horloge ;
- **D** : La donnée d'entrée sur 8 bits ;
- **DS** : La donnée décalée sur 8 bits.

Le programme VHDL du circuit :

```
1          ----------------------------------------------
2
3          library IEEE;
4          use IEEE.STD_LOGIC_1164.ALL;
5
6          ----------------------------------------------
7
8          entity Decal_DG is
9              Port (
10                     RST    : in   STD_LOGIC;
11                     SE_D   : in   STD_LOGIC;
12                     SE_G   : in   STD_LOGIC;
13                     CLK    : in   STD_LOGIC;
14                     D      : in   STD_LOGIC_VECTOR (7 downto 0);
```

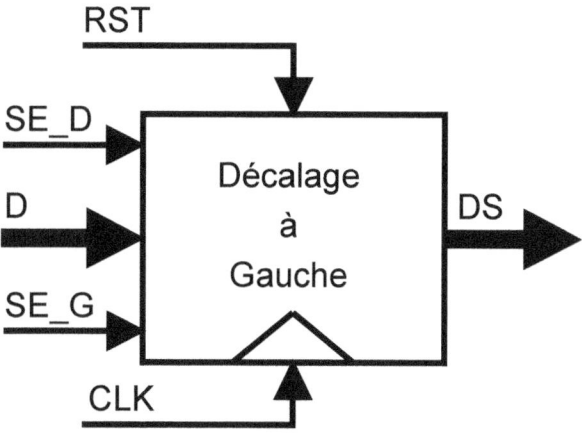

FIGURE 1.23 – Le décalage à droite et à gauche

```
15                    DS    : out  STD_LOGIC_VECTOR (7 downto 0));
16       end Decal_DG;
17
18       ----------------------------------------------
19
20       architecture Behavioral of Decal_DG is
21
22       begin
23             process (CLK, RST,SE_D,SE_G)
24             variable DS_temp : STD_LOGIC_VECTOR (7 downto 0);
25             variable SEL : STD_LOGIC_VECTOR (1 downto 0);
26             begin
27
28                   SEL := SE_G & SE_D;
29
30                   if RST ='1' then
31                         DS_temp  := (others => '0');
32                   elsif (CLK'event and CLK='1') then
33                         if SEL =b"00" then
34                               DS_temp  := (others => '0');
35                         elsif SEL =b"01" then
36                               -- Décalage à droite
37                               DS_temp (7) := '0';
38                               DS_temp (6 downto 0) := D(7 downto 1);
39                         elsif SEL =b"10" then
40                               -- Décalage à gauche
41                               DS_temp (0) := '0';
42                               DS_temp (7 downto 1) := D(6 downto 0);
43                         else
44                               DS_temp := DS_temp;
45                         end if;
46                   end if;
47                   DS<=DS_temp;
48             end process;
49
50       end Behavioral;
```

```
51
52              ---------------------------------------------
```

1.4.5.4 Le compteur / décompteur

Les signaux du circuit :

- **RST** : L'entrée de ré-initialisation ;
- **UP_D** : Le compteur en mode comptage ;
- **DOWN_G** : Le compteur en mode décomptage ;
- **CLK** : L'entrée de l'horloge ;
- **CE** : L'entrée d'activation du circuit ;
- **C_O** : La Sortie du compteur asynchrone (RESET asynchrone) synchrone.

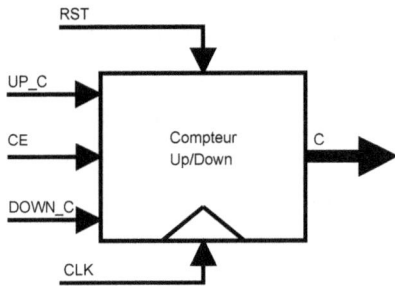

FIGURE 1.24 – Compteur / De-compteur 8 bits

Le programme VHDL du circuit :

```
1               ---------------------------------------------
2
3               library ieee;
4               use ieee.std_logic_1164.all;
5               use ieee.std_logic_arith.all;
6               use ieee.std_logic_unsigned.all;
7               use ieee.numeric_std;
8
9               ---------------------------------------------
10
11              entity Up_DowC is
12                  Port (
13                              RST   : in   STD_LOGIC;
14                              CE    : in   STD_LOGIC;
15                              UP_C  : in   STD_LOGIC;
16                              DOWN_C: in   STD_LOGIC;
17                              CLK   : in   STD_LOGIC;
18                              O_C   : out  STD_LOGIC_VECTOR (7
18                              downto 0):=(others => '0'));
19              end Up_DowC;
20
21              ---------------------------------------------
22
23              architecture Behavioral of Up_DowC is
```

```
24        signal Count_tmp : STD_LOGIC_VECTOR (7 downto 0) :=(others => '0');
25        begin
26                process (CLK, RST,UP_C,DOWN_C,CE)
27                variable SEL : STD_LOGIC_VECTOR (1 downto 0):=(others => '0');
28                begin
29
30                        SEL := UP_C & DOWN_C;
31
32                        if RST ='1' then
33                                Count_tmp  <= (others => '0');
34                        elsif (CLK'event and CLK='1') then
35                                if SEL =b"10" then
36                                        -- Mode Comptage
37                                        Count_tmp <= Count_tmp + 1;
38                                elsif SEL = b"01" then
39                                        -- Mode Décomptage
40                                        Count_tmp <= Count_tmp-1;
41                                        if Count_tmp =x"00" then
42                                                Count_tmp <= x"FF";
43                                        end if;
44                                else
45                                        -- Mémorisation
46                                        Count_tmp <= Count_tmp;
47                                end if;
48                        end if;
49                        O_C<=Count_tmp;
50                end process;
51
52        end Behavioral;
53
54        ------------------------------------------------
```

la simulation du Compteur/Décompteur :

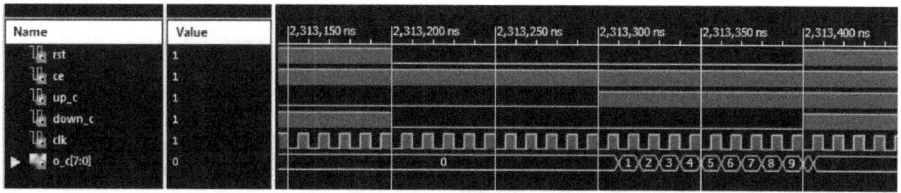

FIGURE 1.25 – Simulation Compteur/Décompteur 1/4

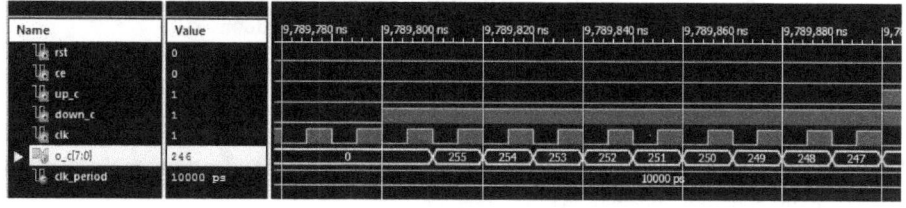

FIGURE 1.26 – Simulation Compteur/Décompteur 2/4

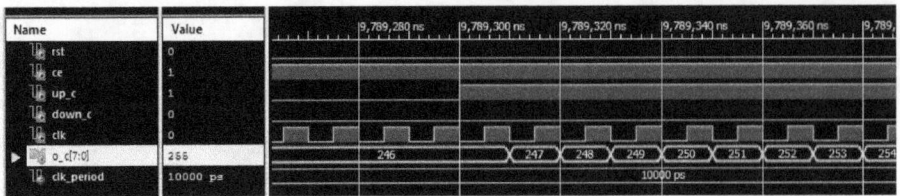

FIGURE 1.27 – Simulation Compteur/Décompteur 3/4

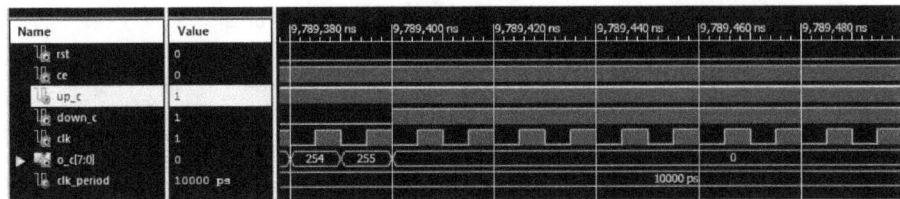

FIGURE 1.28 – Simulation Compteur/Décompteur 4/4

Le programme VHDL du compteur générique :

```
1          -----------------------------------------------
2
3          library ieee;
4          use ieee.std_logic_1164.all;
5          use ieee.std_logic_arith.all;
6          use ieee.std_logic_unsigned.all;
7          use ieee.numeric_std;
8
9          -----------------------------------------------
10
11         entity Up_DowC is
12              Generic
13           (
14             N : positive :=8
15           );
16            Port (
17                  RST   : in   STD_LOGIC;
18                  CE    : in   STD_LOGIC;
19                  UP_C  : in   STD_LOGIC;
20                  DOWN_C: in   STD_LOGIC;
21                  CLK   : in   STD_LOGIC;
22                  O_C   : out  STD_LOGIC_VECTOR (N-1 downto 0)
22                  :=(others => '0'));
23         end Up_DowC;
24
25         -----------------------------------------------
26
27         architecture Behavioral of Up_DowC is
28         signal Count_tmp : STD_LOGIC_VECTOR (N-1  downto 0)
28         :=(others => '0');
29         --constant Max_count : STD_LOGIC_VECTOR (N-1  downto 0)
```

```
29              :=(others => '1');
30         begin
31                 process (CLK, RST,UP_C,DOWN_C,CE)
32                 variable SEL : STD_LOGIC_VECTOR (1 downto 0):=(others => '0');
33                 begin
34
35                     SEL := UP_C & DOWN_C;
36
37                     if RST ='1' then
38                         Count_tmp  <= (others => '0');
39                     elsif (CLK'event and CLK='1') then
40                         if SEL =b"10" then
41                             -- Mode Comptage
42                             Count_tmp <= Count_tmp + 1;
43                         elsif SEL = b"01" then
44                             -- Mode Décomptage
45                             Count_tmp <= Count_tmp-1;
46                             if Count_tmp =x"00" then
47                                 Count_tmp <= (others => '1');
47                                 -- Count_tmp <= Max_count;
48                             end if;
49                         else
50                             -- Mémorisation
51                             Count_tmp <= Count_tmp;
52                         end if;
53                     end if;
54                     O_C<=Count_tmp;
55                 end process;
56
57         end Behavioral;
58
59         ------------------------------------------------
```

1.4.5.5 Le détecteur des fronts

Nous allons concevoir un module détecteur des fronts qui détecte le front montant et le front descendant d'un signal d'entrée et produit deux sorties sous forme d'impulsions. Le circuit nous permettra de concevoir un convertisseur de temps en un mot numérique de résolution N ou TDC (Time Digital Converter). Ce circuit est équivalent à un instrument de mesure d'une largeur d'impulsion.

Les signaux du circuit :

- **RST** : L'entrée de ré-initialisation ;
- **E** : L'entrée du signal ;
- **CLK** : L'entrée de l'horloge ;
- **CE** : L'entrée d'activation du circuit ;
- **Fron_mon** : Le signal de détection du front montant ;
- **Fron_des** : Le signal de détection du front descendant.

Le programme VHDL du Détecteur des fronts :

```
1         ------------------------------------------------
2
```

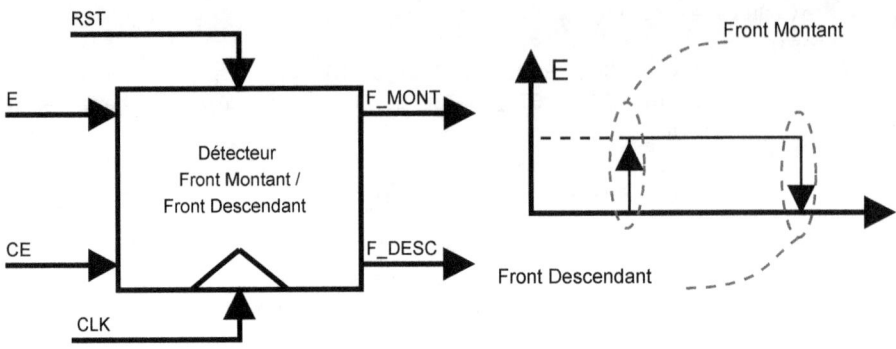

FIGURE 1.29 – Le circuit détecteur du front Montant et front Descendant

```
3        library ieee;
4        use ieee.std_logic_1164.all;
5
6        ----------------------------------------------
7
8        entity Front_Detect is
9            Port (
10                   RST    : in    STD_LOGIC;
11                   CE     : in    STD_LOGIC;
12                   E      : in    STD_LOGIC;
13                   CLK    : in    STD_LOGIC;
14                   Fron_mon: out    STD_LOGIC;
15                   Fron_des: out    STD_LOGIC);
16       end Front_Detect;
17
18       ----------------------------------------------
19
20       architecture Behavioral of Front_Detect is
21       signal Fron_mon_tmp, Fron_des_tmp : STD_LOGIC :='0';
22       begin
23               process (CLK, RST, E, CE)
24               begin
25                       if RST ='1' then
26                               Fron_mon_tmp <='0';
27                               Fron_des_tmp <= '0';
28                       elsif (CLK'event and CLK='1') then
29                               if CE ='1' then
30                                       Fron_mon_tmp<=E;
31                                       Fron_des_tmp<=E;
32                               else
33                                       Fron_mon_tmp <= Fron_mon_tmp;
34                                       Fron_des_tmp <= Fron_des_tmp;
35                               end if;
36                       end if;
37               end process;
38
39               Fron_mon<=E and (not(Fron_mon_tmp));
40               Fron_des<= Fron_des_tmp and (not(E));
41
```

```
42
43        end Behavioral;
44
45        ---------------------------------------------
```

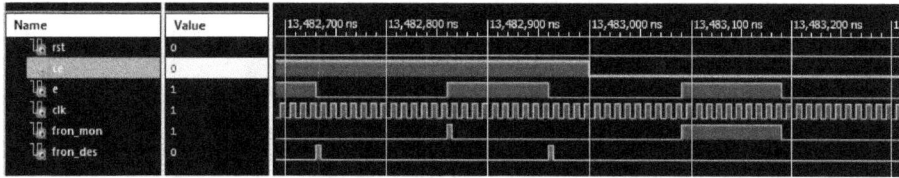

FIGURE 1.30 – La simulation du détecteur des fronts

1.4.5.6 Le TDC (Time to Digital Converter)

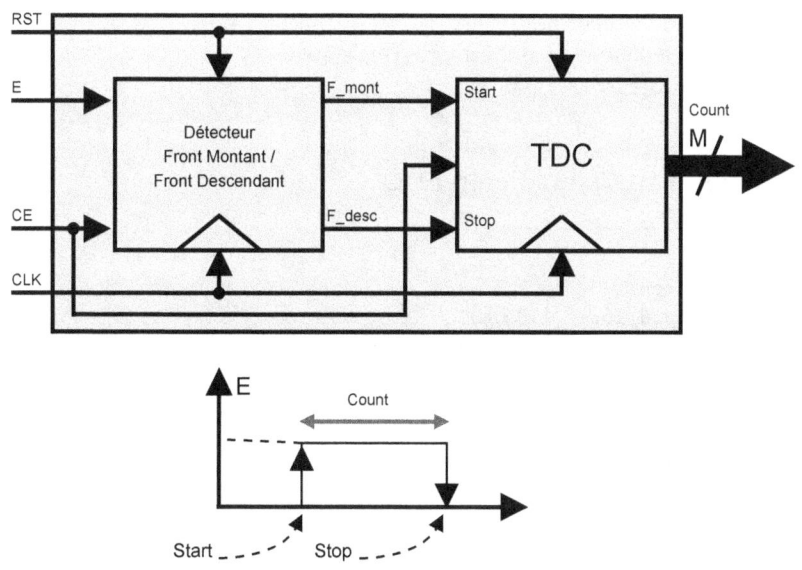

FIGURE 1.31 – L'Architecture du circuit TDC

Les signaux du circuit (figure 1.31) :

- **RST** : L'entrée de ré-initialisation ;
- **E** : L'entrée du signal ;
- **CLK** : L'entrée de l'horloge ;
- **CE** : L'entrée de l'activation du circuit ;
- **Count** : La sortie sur M bits et elle contient le résultat de la mesure de la largeur d'impulsion du signal d'entrée E.

Les domaines d'application :

- La mesure de la distance (Radar ultrasonique) ;
- La mesure de la distance (Capteur ultrasonique) ;

- L'application de la mesure du temps ;
- La synchronisation longue distance ;
- La mesure de la fréquence ;
- Le phraseur numérique ;
- Le compensateur de phase numérique.
— ...

Concernant des circuits Réels, on prend comme exemple le THS788 Quad Channel Time Measurement Unit (Texas Instrument) :

- La résolution maximale des bits des résultats : 40 bits ;
- La fréquence de l'horloge : 200 MHz (fixe) propre (3ps max du jitter). Elle est boosté par une PLL interne afin d'obtenir une meilleure précision ;
- La résolution temporelle 13 ps ;
- L'interface de configuration des registres : SPI ;
- L'interface des résultats : SPI ;
- Le nombre des canaux : 4 ;
- Un seul signal de synchronisation ;
- Le front de déclenchement qui est programmable ;
- La logique des sorties LVDS.
— ...

Le programme VHDL du circuit TDC

```
1              ----------------------------------------------
2
3         library ieee;
4         use ieee.std_logic_1164.all;
5         use ieee.std_logic_arith.all;
6         use ieee.std_logic_unsigned.all;
7         use ieee.numeric_std;
8
9              ----------------------------------------------
10
11        entity TDC is
12             Generic (
13                          M : positive :=24
14                         );
15           Port (
16                          RST     : in   STD_LOGIC;
17                          CE      : in   STD_LOGIC;
18                          E       : in   STD_LOGIC;
19                          CLK     : in   STD_LOGIC;
20                          Count   : out  STD_LOGIC_VECTOR(M-1 downto 0)
21                         );
22        end TDC;
23
24             ----------------------------------------------
25
26        architecture Behavioral of TDC is
27
28        signal Fron_mon_tmp, Fron_des_tmp : STD_LOGIC :='0';
29        signal Start, Stop : STD_LOGIC :='0';
```

```
30          signal Count_tmp : STD_LOGIC_VECTOR(M-1 downto 0);
31
32      begin
33              -- Process de la détection du front montant
34              -- Et le front descendant
35              F_M_D: process (CLK, RST, E, CE)
36              begin
37                      if RST ='1' then
38                              Fron_mon_tmp <='0';
39                              Fron_des_tmp <= '0';
40                      elsif (CLK'event and CLK='1') then
41                              if CE ='1' then
42                                      Fron_mon_tmp<=E;
43                                      Fron_des_tmp<=E;
44                              else
45                                      Fron_mon_tmp <= Fron_mon_tmp;
46                                      Fron_des_tmp <= Fron_des_tmp;
47                              end if;
48                      end if;
49              end process;
50
51              Start<=E and (not(Fron_mon_tmp));
52              Stop<= Fron_des_tmp and (not(E));
53
54              -- Process de comptage de la largeur d'impulsion
55              RES : process (CLK, RST,Start,Stop,CE)
56              begin
57                      if RST ='1' then
58                              Count_tmp <= (others =>'0');
59                      elsif (CLK'event and CLK='1') then
60                              if CE ='1' then
61                                      if Start ='1' then
62                                              Count_tmp <= x"000001";
63                                      end if;
64
65                                      if Count_tmp /=x"000000" then
66                                              Count_tmp <= Count_tmp+1;
67                                      end if ;
68
69                                      if Stop ='1' then
70                                              Count_tmp <= x"000000";
71                                      end if ;
72                              else
73                                      Count_tmp <= Count_tmp;
74                              end if;
75                      end if;
76              end process;
77
78              Count <= Count_tmp;
79
80      end Behavioral;
81
82      ----------------------------------------------
```

Simulation du circuit TDC

Les paramètres de simulation :

- CE ='1' ;
- RST ='0' ;
- CLK = 1 MHz (T=1 ns) ;
- E : L'impulsion du signal d'entrée prend les valeurs suivantes respectivement : 10 ns, 100 ns et 1000 ns dans une boucle (process).

Le processus de simulation :

```
...
CE <= '1';
RST <='0';
-- Stimulus process
EE: process
begin

        E<= not(E);
        wait for 10 ns;
        E<= not(E);
        wait for 10 ns;

        E<= not(E);
        wait for 100 ns;
        E<= not(E);
        wait for 100 ns;

        E<= not(E);
        wait for 1000 ns;
        E<= not(E);
        wait for 1000 ns;

end process;
...
```

Les paramètres de simulation :

- CE ='1' ;
- RST ='0' ;
- CLK = 1 MHz (T=1 ns) ;
- E : Le signal E prend respectivement les valeurs : AA, AB, A0, 12 et D0 pendant un délais de 10 ns. Les valeurs se répètent indéfiniment dans un Process.

Le processus de simulation :

```
...
CE <= '1';
RST <='0';
-- Stimulus process
EE: process
begin
```

```
        E<= x"AA";
        wait for 10 ns;

        E<= x"AB";
        wait for 10 ns;

        E<= x"A0";
        wait for 10 ns;


        E<= x"12";
        wait for 10 ns;

        E<= x"D0";
        wait for 10 ns;

end process;
...
```

Résultats de simulation

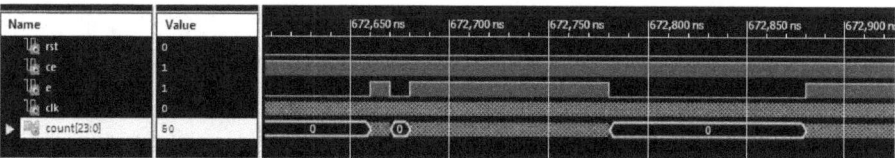

FIGURE 1.32 – Simulation du circuit TDC 1/3

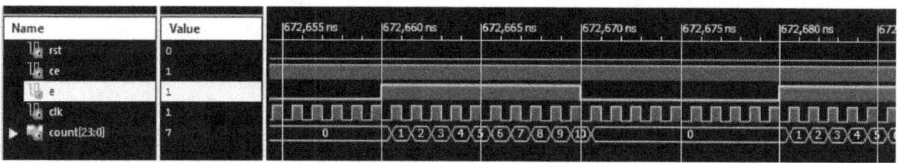

FIGURE 1.33 – Simulation du circuit TDC 2/3

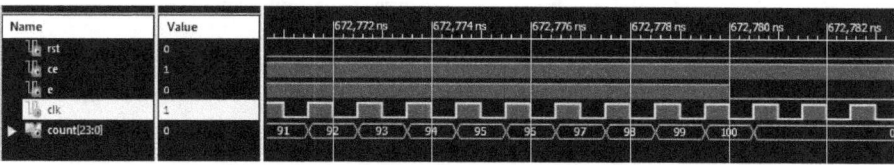

FIGURE 1.34 – Simulation du circuit TDC 3/3

1.4.5.7 Le compteur d'une séquence numérique

Le compteur binaire d'une séquence permet d'incrémenter d'une unité à chaque fois qu'une combinaison des bits est détectée. Le compteur est défini par sa longueur des bits, la séquence à détecter et la valeur maximale qui induit la réinitialisation du compteur (qui peut être la valeur finale du compteur).

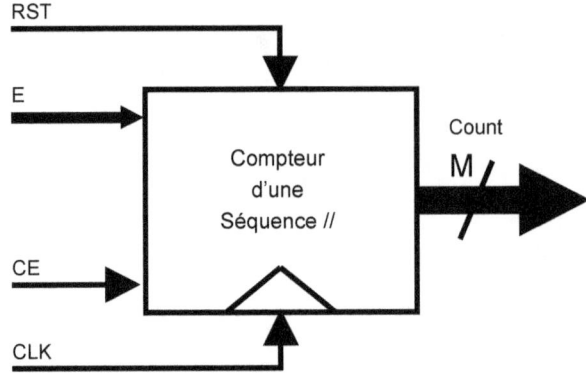

FIGURE 1.35 – Le compteur d'une séquence //

Le programme VHDL :

```
1               ----------------------------------------------
2
3          library ieee;
4          use ieee.std_logic_1164.all;
5          use ieee.std_logic_arith.all;
6          use ieee.std_logic_unsigned.all;
7          use ieee.numeric_std;
8
9               ----------------------------------------------
10
11         entity Seq_Det is
12              Generic (
13                       M : positive :=24;
14                       N : positive :=8
15                       );
16           Port (
17                       RST     : in   STD_LOGIC;
18                       CE      : in   STD_LOGIC;
19                       E       : in   STD_LOGIC_VECTOR(N-1 downto 0);
20                       CLK     : in   STD_LOGIC;
21                       Count   : out  STD_LOGIC_VECTOR(M-1 downto 0)
22                       );
23         end Seq_Det;
24
25               ----------------------------------------------
26
27         architecture Behavioral of Seq_Det is
28
29         signal   Count_tmp : STD_LOGIC_VECTOR(M-1 downto 0):=(others => '0');
30         constant Seq_value : STD_LOGIC_VECTOR(N-1 downto 0):=x"AA";
31         constant Seq_max   : STD_LOGIC_VECTOR(N-1 downto 0):=x"EE";
32
33         begin
34              process (CLK, RST, E, CE)
```

```
35                  begin
36                        if RST ='1' then
37                              Count_tmp <= (others =>'0');
38                        elsif (CLK'event and CLK='1') then
39                              if CE ='1' then
40
41                                    if E =Seq_value then
42                                          Count_tmp <= Count_tmp +1;
43                                    end if;
44
45                                    if E =Seq_max then
46                                          Count_tmp <=  (others => '0');
47                                    end if;
48
49                              else
50                                    Count_tmp <= Count_tmp;
51                              end if;
52                        end if;
53                  end process;
54
55            Count <= Count_tmp;
56
57      end Behavioral;
58
59      --------------------------------------------
```

Les résultats de la simulation :

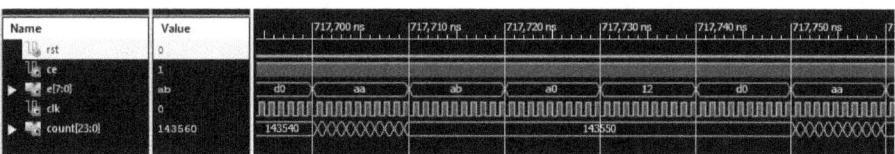

FIGURE 1.36 – La simulation du circuit détecteur de séquence 1/2

FIGURE 1.37 – La simulation du circuit détecteur de séquence 2/2

1.4.5.8 Le détecteur de la valeur maximale

Le fonctionnement du circuit consiste à la détection et le maintien de la valeur maximale du signal d'entrée (figure 1.38). Le circuit permet de comparer en permanence la valeur actuelle et la valeur future. Dans le cas ou cette dernière est supérieure à la valeur actuelle, on remplace la valeur maximale par la valeur future. Une option d'auto-réinitialisation de la valeur maximale est mise en place et le circuit est auto-réinitialisé lorsque la valeur maximale est comprise entre deux valeurs : La valeur crête +/- Delta (figure 1.38). La dynamique de l'intervalle peut être ajustée par l'utilisateur via deux constantes dans le programme.

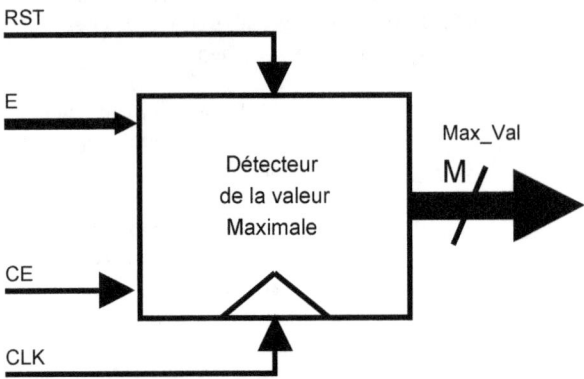

FIGURE 1.38 – Le détecteur de la valeur maximale

D'une part, l'intérêt de l'auto-réinitialisation est de supprimer les transitions du signal ou des valeurs aléatoires et d'autre part, le rafraichissement de la valeur maximale.

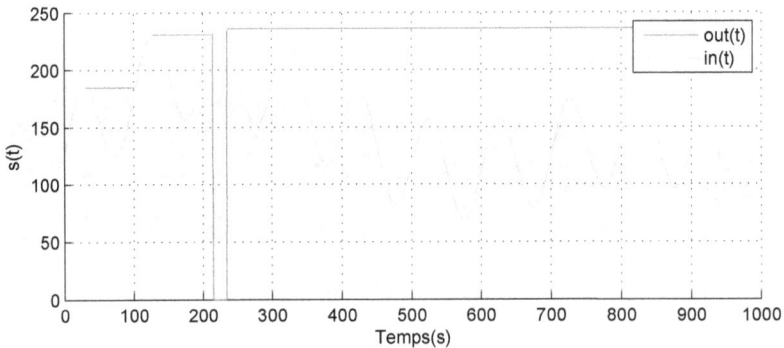

FIGURE 1.39 – La simulation théorique du Détecteur de la valeur maximale

Le programme VHDL :

```
1          -----------------------------------------------
2
3          library ieee;
4          use ieee.std_logic_1164.all;
5          use ieee.std_logic_arith.all;
6          use ieee.std_logic_unsigned.all;
7          use ieee.numeric_std;
8
9          -----------------------------------------------
10
11         entity Max_det is
12                 Generic (
13                         N : positive :=8
14                         );
```

```
15          Port (
16                            RST    : in   STD_LOGIC;
17                            CE     : in   STD_LOGIC;
18                  E     : in   STD_LOGIC_VECTOR(N-1 downto 0);
19                  CLK   : in   STD_LOGIC;
20                  Max_Out : out STD_LOGIC_VECTOR(N-1 downto 0)
21                            );
22          end Max_det;
23
24          ----------------------------------------------
25
26          architecture Behavioral of Max_det is
27
28          signal   Max_tmp : STD_LOGIC_VECTOR(N-1 downto 0):=(others => '0');
29
30          signal   Max_Val_p : STD_LOGIC_VECTOR(N-1 downto 0):=x"00";
31          signal   Max_Val_m : STD_LOGIC_VECTOR(N-1 downto 0):=x"00";
32
33          constant Delta_Max : STD_LOGIC_VECTOR(N-1 downto 0):=x"05";
34          constant Max_Val   : STD_LOGIC_VECTOR(N-1 downto 0):=x"E0";
35
36          begin
37
38          Max_Val_p <= Max_Val + Delta_Max;
39          Max_Val_m <= Max_Val - Delta_Max;
40
41          process (CLK, RST, E, CE)
42
43          begin
44                  if RST ='1' then
45                          Max_tmp <= (others =>'0');
46                  elsif (CLK'event and CLK='1') then
47                          if CE ='1' then
48                              if E > Max_tmp  then
49                                      if (E > Max_Val_m and E < Max_Val_p) or
49                                      (E >= Max_Val_p )then
50                                              Max_tmp <= (others => '0');
51                                      else
52                                              Max_tmp <= E;
53                                      end if ;
54                              end if ;
55                          else
56                                  Max_tmp <= Max_tmp;
57                          end if;
58                  end if;
59          end process;
60
61          Max_Out <= Max_tmp;
62
63          end Behavioral;
64
65          ----------------------------------------------
```

Les résultats de la simulation :

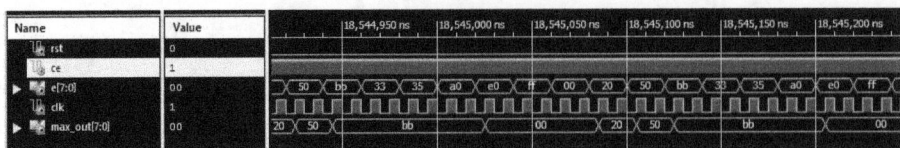

FIGURE 1.40 – Détecteur de la valeur maximale

1.4.5.9 Le limiteur du signal numérique

Ecrêteur de niveau ou limiteur du signal est un circuit qui permet de limiter les niveaux du signal (niveau haut et le niveau bas). La figure 1.41 illustre le principe du fonctionnement du limiteur du signal à deux niveaux. L'objectif du circuit est de fixer la dynamique permise du signal et d'affecter les valeurs limites dans le cas du dépassement de ses dernières.

- La valeur moyenne est fixée à : 160 (x"A0") ;
- La valeur crête maximale est fixée à $160 + 48 = 208(x"D0")$;
- La valeur crête minimale est fixée à $160 - 48 = 112(x"70")$.

La figure 1.43 illustre un exemple de simulation en utilisant le programme VHDL ci-dessous.

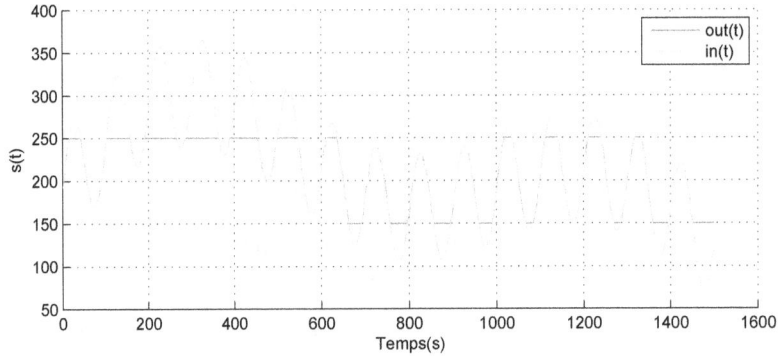

FIGURE 1.41 – La simulation théorique du limiteur du signal

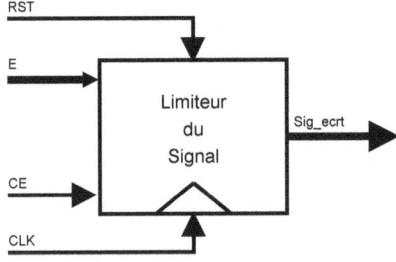

FIGURE 1.42 – L'architecture du circuit Ecrêteur

Le programme VHDL :

```
1          ---------------------------------------------
2
3          library ieee;
4          use ieee.std_logic_1164.all;
5          use ieee.std_logic_arith.all;
6          use ieee.std_logic_unsigned.all;
7          use ieee.numeric_std;
8
9          ---------------------------------------------
10
11         entity Ecret_sig is
12                 Generic (
13                             N : positive :=8
14                           );
15             Port (
16                             RST      : in    STD_LOGIC;
17                             CE       : in    STD_LOGIC;
18                   E        : in    STD_LOGIC_VECTOR(N-1 downto 0);
19                   CLK      : in    STD_LOGIC;
20                   Cret_Out : out   STD_LOGIC_VECTOR(N-1 downto 0)
21                           );
22         end Ecret_sig;
23
24         ---------------------------------------------
25
26         architecture Behavioral of Ecret_sig is
27
28         signal    E_tmp : STD_LOGIC_VECTOR(N-1 downto 0):=(others => '0');
29
30         signal    Max_Val_p : STD_LOGIC_VECTOR(N-1 downto 0):=x"00";
31         signal    Max_Val_m : STD_LOGIC_VECTOR(N-1 downto 0):=x"00";
32
33         constant Delta_Max : STD_LOGIC_VECTOR(N-1 downto 0):=x"30"; -- 48
34         constant Max_Val   : STD_LOGIC_VECTOR(N-1 downto 0):=x"A0"; -- 160
35
36         begin
37
38                 Max_Val_p <= Max_Val + Delta_Max; -- 160 +48 =x'D0"
39                 Max_Val_m <= Max_Val - Delta_Max; -- 160 -48 =x"70"
40
41                 process (CLK, RST, E, CE)
42
43                 begin
44                         if RST ='1' then
45                                 E_tmp <= (others =>'0');
46                         elsif (CLK'event and CLK='1') then
47                                 if CE ='1' then
48                                         if E > Max_Val_p  then
49                                                 E_tmp <= Max_Val_p;
50                                         elsif E < Max_Val_m then
51                                                 E_tmp <= Max_Val_m;
52                                         else
53                                                 E_tmp <= E;
54                                         end if ;
55                                 else
```

```
56                                      E_tmp <= E_tmp;
57                                  end if;
58                          end if;
59                  end process;
60
61              Cret_Out <= E_tmp;
62
63          end Behavioral;
64
65          ----------------------------------------------
```

Processus de simulation :

```
...
RST <= '0';
CE<='1';
process
        begin
        wait for 20ns;
        E<= x"10";

        wait for 20ns;
        E<= x"40";

        wait for 20ns;
        E<= x"50";

        wait for 20ns;
        E<= x"70";

        wait for 20ns;
        E<= x"90";

        wait for 20ns;
        E<= x"A0";

        wait for 20ns;
        E<= x"B0";

        wait for 20ns;
        E<= x"C0";

        wait for 20ns;
        E<= x"EF";

        wait for 20ns;
        E<= x"D0";

        wait for 20ns;
        E<= x"30";

end process;
...
```

Résultats de la simulation :

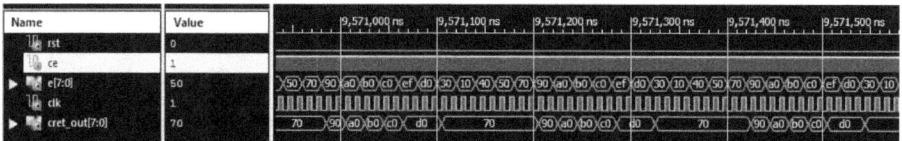

FIGURE 1.43 – La simulation du circuit Ecrêteur

1.5 Les machines à état (FSM)

1.5.1 Introduction

Les Machines à états finis (FSM :Finite State Machine) sont généralement utilisées pour décrire des comportements séquentiels liés au contrôle des parties opératives. Cet aspect séquentiel, fait intervenir la notion d'état interne implémenté dans les circuits sous forme de registres. Une machine à état fini sert à modéliser le comportement séquentiel d'un système. Elle comporte un nombre limité et défini d'états.

Les machines à états sont utilisées dans divers domaines comme la robotique, l'électronique, les circuits de contrôle et la programmation embarquée. Les machines sont souvent utilisées afin de modéliser des problèmes complexes où il existe un nombre fini de possibilités.

Une machine à état est définie par :

— Des états stables finis et déterminés : Ex : (Système de 5 états)
  - Arrêt
  - Gauche
  - Avancer
  - Reculer
— Les entrées : Des conditions externes, des capteurs,... etc :
  - Fin de course droite
  - Fin de course gauche
  - ...
— Les sorties : Provoquées par une ou plusieurs entrées et induisent un changement d'état.
— Les transitions : Des conditions de passage d'un état à autre (peuvent aussi induire le changement des états des sorties).

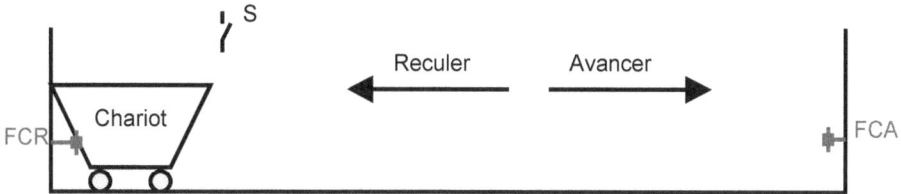

FIGURE 1.44 – La commande d'un chariot avec une machine à état

Un exemple : La commande des déplacements d'un chariot (figure 1.44). Le système est constitué de **trois états** :

- État 1 : État d'attente (de repos) ;
- État 2 : Avancement du chariot ;
- État 3 : Reculement du chariot.

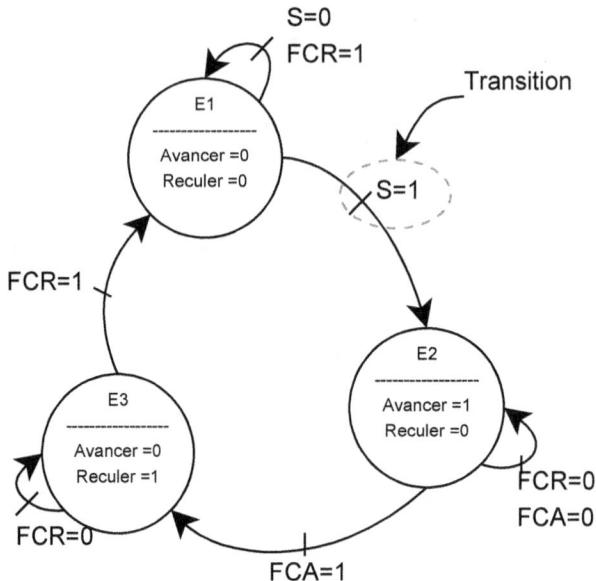

FIGURE 1.45 – La graphe du transition du déplacement du chariot

Et trois entrées :
- S : Début du cycle (Star) ;
- FCR : fin de course qui indique que le chariot est bien reculé et dans la position de départ ;
- FCA : Fin de course indiquant la limite de l'avancement du chariot.

La description du cycle du système :

Le Chariot est supposé dans la position initiale (état initial), comme il est indiqué dans la figure 1.44, donc l'interrupteur fin de course FCR est actionnée (FCR='1') en attente du début du cycle (S='1'). Lorsque S='1', le chariot avance jusqu'à la fin de course FCA (FCR='1'), au moment ou FCA est actionnée, le chariot recule vers la position de départ. Le chariot s'arrête lorsque FCR='1' et le cycle recommence.

Dans la suite de cette partie, on va étudier les deux types d'une machine à état :
- Machine de Moore ;
- Machine de Mealy.

Note : il existe aussi des machines mixtes.

1.5.2 La machine de Moore

La machine de Moore est une machine synchrone, les sorties dépendent de l'état présent et changent sur un front d'horloge. Le passage de l'état présent à l'état futur se fait avec l'arrivée du front de l'horloge. L'état futur est calculé à partir des entrées et de l'état présent (figure 1.46). Autrement dit, les sorties ne changent pas tant que les entrées ne sont pas présentent et que l'horloge est active.

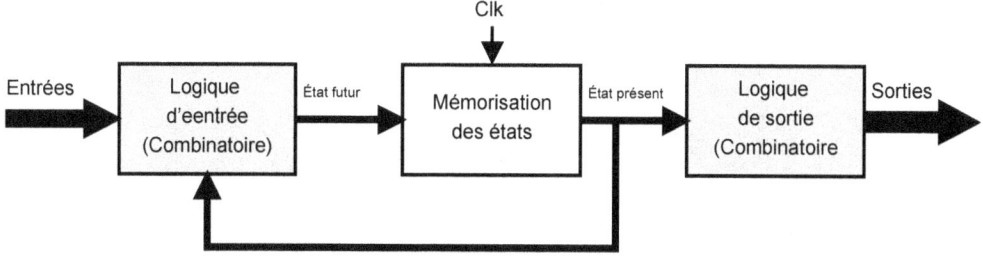

FIGURE 1.46 – L'architecture de la machine de Moore

La mémoire ou le registre d'état, est un registre (de n bascules D en pratique) synchronisé par l'horloge.A chaque coup d'horloge, l'État futur remplace l'état présent.

La table d'états : C'est la table de vérité qui relie l'état présent, l'état futur, les entrées et les sorties. On reprend l'exemple précédent (figure 1.47) avec plus de précision sur les états des entrées.

On suppose Les sorties suivantes :

- Avancer : A ;
- Reculer : R.

État présent	Entrée	État futur	Sortie
E1(01)	S='0' & FCR='1'	E1(01)	A='0', R='0'
E1(01)	S='1'	E2(10)	A='1', R='0'
E2(10)	FCA='0'	E2(10)	A='1', R='0'
E2(10)	FCA='1'	E3(11)	A='0', R='1'
E3(11)	FCR='0'	E3(11)	A='0', R='1'
E3(11)	FCR='1'	E1(01)	A='0', R='1'

TABLE 1.3 – Table d'états

Remarque : On verra dans la suite de l'ouvrage la synthèse d'une machine à état en VHDL.

1.5.3 Machine de Mealy

Dans La machine de Mealy, l'état futur est calculé à partir des entrées et de l'état présent. Les sorties peuvent changer d'état indépendamment de l'horloge (machine asynchrone).

Remarque :

- Le nombre des états est moins que celui de la machine de Moore ;

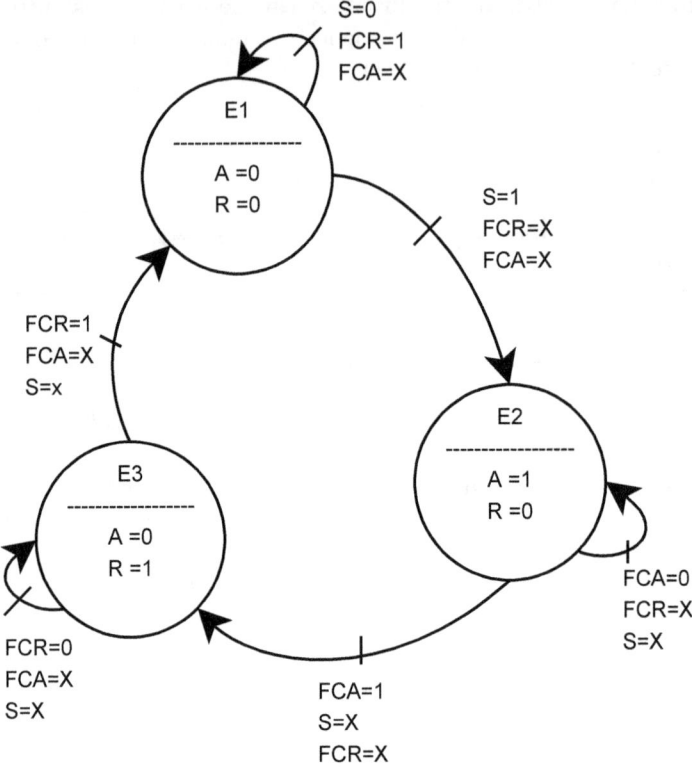

FIGURE 1.47 – Un exemple détaillé d'une machine de Moore

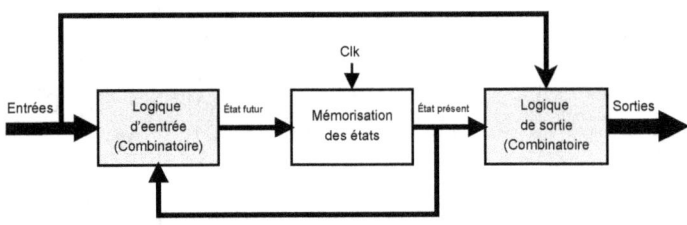

FIGURE 1.48 – L'architecture d'une machine d'état de Mealy

- Les sorties peuvent être synchronisées avec l'horloge maitre, en utilisant un registre à bascule D.

La figure 1.49 illustre l'équivalence de la machine de Moore citée précédemment. La sortie AR sur 2 bits est la combinaison entre la sortie Avancer et Reculer. On constate que les sorties sont codées dans les transitions (sorties asynchrones). On peut ajouter une transition entre l'état E2 et E3 sans passer par l'état E1 lorsque le bouton poussoir S = '1'. La figure 1.50 illustre cette nouvelle configuration de la machine de Mealy et on peut appliquer la même chose pour la machine de Moore.

1.5.4 Une synthèse des machines à état en VHDL

On a trois techniques de description, en fonction du nombre des processus :
- La description en trois processus (3 P) ;

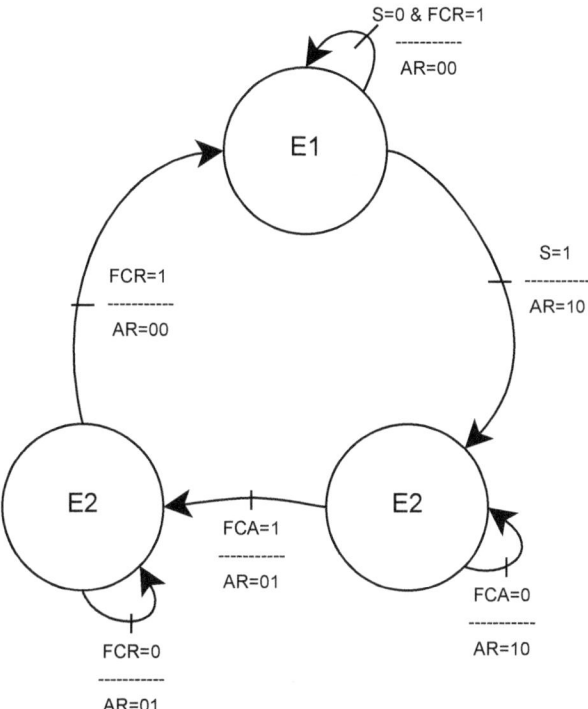

FIGURE 1.49 – La machine de Mealy de la commande du chariot

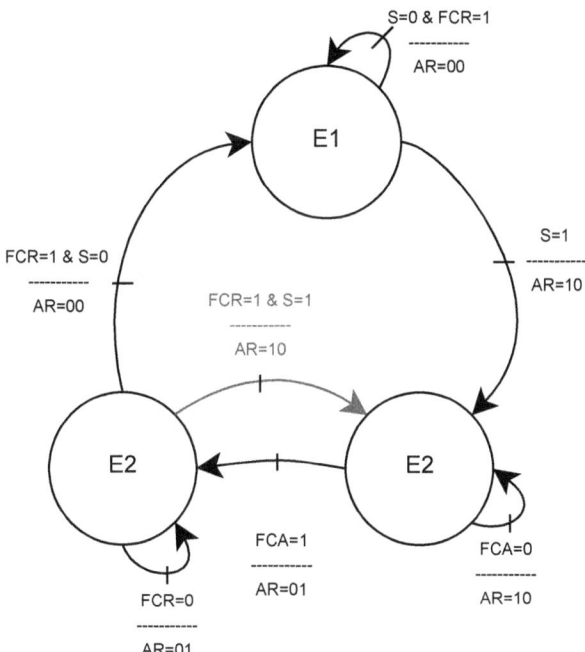

FIGURE 1.50 – La machine de Mealy de la commande du chariot

- La description en deux processus (2 P) ;
- La description en un processus (1 P).

On peut effectuer le codage à la main d'une machine à état en utilisant des tables de vérités. Dans la suite de cet ouvrage, on va se focaliser sur la description par des processus parce que c'est plus générique et utilisée pour des systèmes complexes.

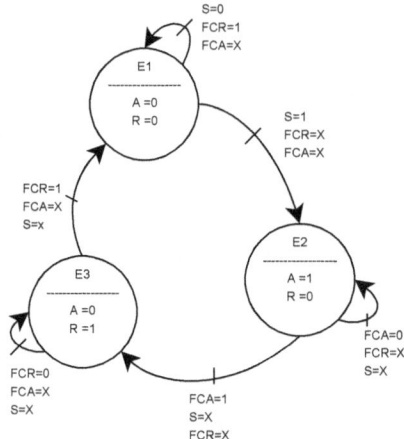

FIGURE 1.51 – La synthèse d'une machine de Moore du chariot

On reprend l'exemple du chariot illustré précédemment (1.51) pour découvrir les trois techniques de description d'une machine à état. On va étudier la configuration de la machine de Moore et les mêmes techniques sont réutilisables pour la machine de Mealy.

La description avec 3 processus :

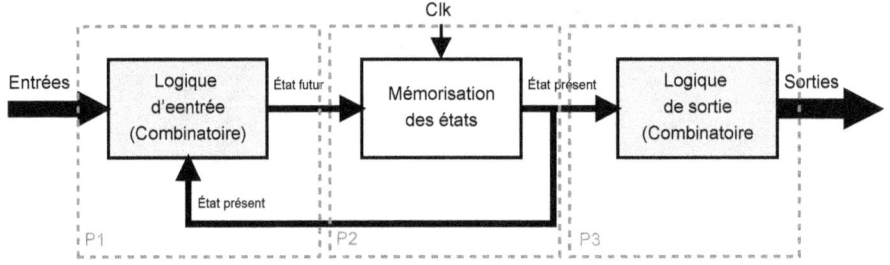

FIGURE 1.52 – La description d'une FSM en 3 processus

La description du 1er Processus

Le premier processus : IL permet le codage de la logique à l'entrée. Le process est entièrement combinatoire. Il calcule l'état futur à partir des entrées et de l'état présent (figure 1.52)

```
1           ------------------------------------------------
2
3           ...
```

```
4          type   Etat is (E1, E2, E3);
5          Signal Etat_present, Etat_futur : Etat := E1;
6
7          begin
8
9                  LogicComb_entree : process (S,FCR, FCA, Etat_present)
10                 begin
11                         case Etat_present is
12                         -- Passage de E1 ----> E2
13                         when E1 =>
14                                 if S = '1' and FCR ='1' then
15                                         Etat_futur <= E2;
16                                 else
17                                         Etat_futur <= E1;
18                                 end if;
19                         -- Passage de E2 ----> E3
20                         when E2 =>
21                                 if  FCA= '1' then
22                                         Etat_futur <= E3;
23                                 else
24                                         Etat_futur <= E2;
25                                 end if;
26                         -- Passage de E3 ----> E1
27                         when E3 =>
28                                 if FCR = '1' then
29                                         Etat_futur <= E1;
30                                 else
31                                         Etat_futur <= E3;
32                                 end if;
33                         end case;
34                 end process LogicComb_entree;
35
36         ...
37
38         end BehavFSM;
39
40         ----------------------------------------------
```

La description du 2ème Processus

Le deuxième processus : C'est le processus de mémorisation des états et de la mise à jour de la machine à état. Il permet de passer de l'état présent à l'état futur sur le front d'horloge (front montant ou descendant). Le registre d'état possède également une entrée de réinitialisation synchrone (figure 1.52).

```
1          ----------------------------------------------
2
3          ...
4          type   Etat is (E1, E2, E3);
5          Signal Etat_present, Etat_futur : Etat := E1;
6
7          begin
8                  Mem_etat : process (CLK, RST)
9                  begin
10                         if RST = '0' then
11                                 Etat_present <= E1;
```

```
12                          elsif CLK'event and CLK = '1' then
13                                  Etat_present <= Etat_futur;
14                          end if;
15                  end process Mem_etat;
16
17          end BehavFSM;
18
19          ----------------------------------------------
```

La description du 3ème Processus

Le troisième processus : C'est un processus combinatoire qui permet de calculer les sorties à partir des états présents. (figure 1.52)

```
1           ----------------------------------------------
2
3           ...
4           type   Etat is (E1, E2, E3);
5           Signal Etat_present, Etat_futur : Etat := E1;
6
7           begin
8
9                   LogComb_sorties : process (Etat_present)
10                  begin
11                          case Etat_present is
12                                  when E1 =>
13                                          A <= '0';
14                                          R <= '0';
15                                  when E2 =>
16                                          A <= '1';
17                                          R <= '0';
18                                  when E3 =>
19                                          A <= '0';
20                                          R <= '1';
21                          end case;
22                  end process LogComb_sorties;
23
24          end BehavFSM;
25
26          ----------------------------------------------
```

La description du système avec 3 Processus

```
1           ----------------------------------------------
2
3           library ieee;
4           use ieee.std_logic_1164.all;
5           use ieee.std_logic_arith.all;
6           use ieee.std_logic_unsigned.all;
7           use ieee.numeric_std;
8
9           ----------------------------------------------
10
11          entity FSM_Synt is
12              Port (
13                              RST  : in   STD_LOGIC:='0';
14                              S    : in   STD_LOGIC:='0';
```

```
15                          FCA  : in   STD_LOGIC:='0';
16                          FCR  : in   STD_LOGIC:='0';
17                          CLK  : in   STD_LOGIC:='0';
18                          A    : out  STD_LOGIC:='0';
19                          R    : out  STD_LOGIC:='0'
20                          );
21       end FSM_Synt;
22
23       ---------------------------------------------
24
25       architecture Behavioral of FSM_Synt is
26
27       type   Etat is (E1, E2, E3);
28       Signal Etat_present, Etat_futur : Etat := E1;
29
30       begin
31
32              ----------------- Processus 1 -----------------
33
34              LogicComb_entree : process (S, FCR, FCA, Etat_present)
35              begin
36                      case Etat_present is
37                      -- Passage de E1 ----> E2
38                      when E1 =>
39                              if S = '1' and FCR ='1' then
40                                      Etat_futur <= E2;
41                              else
42                                      Etat_futur <= E1;
43                              end if;
44                      -- Passage de E2 ----> E3
45                      when E2 =>
46                              if  FCA= '1' then
47                                      Etat_futur <= E3;
48                              else
49                                      Etat_futur <= E2;
50                              end if;
51                      -- Passage de E3 ----> E1
52                      when E3 =>
53                              if FCR = '1' then
54                                      Etat_futur <= E1;
55                              else
56                                      Etat_futur <= E3;
57                              end if;
58                      end case;
59              end process LogicComb_entree;
60
61              ----------------- Processus 2 -----------------
62
63              Mem_etat : process (CLK, RST)
64              begin
65                      if RST = '0' then
66                              Etat_present <= E1;
67                      elsif CLK'event and CLK = '1' then
68                              Etat_present <= Etat_futur;
69                      end if;
```

```
70                    end process Mem_etat;
71
72            ------------------ Processus 3 ------------------
73
74            LogComb_sorties : process (Etat_present)
75            begin
76                    case Etat_present is
77                            when E1 =>
78                                    A <= '0';
79                                    R <= '0';
80                            when E2 =>
81                                    A <= '1';
82                                    R <= '0';
83                            when E3 =>
84                                    A <= '0';
85                                    R <= '1';
86                    end case;
87            end process LogComb_sorties;
88
89      end Behavioral;
90
91      ----------------------------------------------
```

La description avec deux processus :

Les deux processus combinatoires des sorties et des entrées, possèdent des listes de sensibilité identiques. ils peuvent donc être fusionnés en un seul processus afin d'appliquer la technique à deux processus (1 processus séquentiel et 1 processus combinatoire).

```
1               ----------------------------------------------
2
3       library ieee;
4       use ieee.std_logic_1164.all;
5       use ieee.std_logic_arith.all;
6       use ieee.std_logic_unsigned.all;
7       use ieee.numeric_std;
8
9               ----------------------------------------------
10
11      entity FSM_Synt is
12          Port (
13                          RST  : in   STD_LOGIC:='0';
14                          S    : in   STD_LOGIC:='0';
15                          FCA  : in   STD_LOGIC:='0';
16                          FCR  : in   STD_LOGIC:='0';
17                          CLK  : in   STD_LOGIC:='0';
18                          A    : out  STD_LOGIC:='0';
19                          R    : out  STD_LOGIC:='0'
20                          );
21      end FSM_Synt;
22
23              ----------------------------------------------
24
25      architecture Behavioral of FSM_Synt is
26
```

```
27        type    Etat is (E1, E2, E3);
28        Signal Etat_present, Etat_futur : Etat := E1;
29
30        begin
31
32                ----------------- Processus 1 -----------------
33
34                Logic_E_S : process (S, FCR, FCA, Etat_present)
35                begin
36                        case Etat_present is
37                        -----------------------------
38                        when E1 =>
39                                -- Logique des sorties
40                                A <= '0';
41                                R <= '0';
42                                -- Passage de E1 ----> E2
43                                if S = '1' and FCR ='1' then
44                                        Etat_futur <= E2;
45                                else
46                                        Etat_futur <= E1;
47                                end if;
48                        -----------------------------
49                        when E2 =>
50                                -- Logique des sorties
51                                A <= '1';
52                                R <= '0';
53                                -- Passage de E2 ----> E3
54                                if  FCA= '1' then
55                                        Etat_futur <= E3;
56                                else
57                                        Etat_futur <= E2;
58                                end if;
59                        -----------------------------
60                        when E3 =>
61                                -- Logique des sorties
62                                A <= '0';
63                                R <= '1';
64                                -- Passage de E3 ----> E1
65                                if FCR = '1' then
66                                        Etat_futur <= E1;
67                                else
68                                        Etat_futur <= E3;
69                                end if;
70                        end case;
71                end process Logic_E_S;
72
73                ----------------- Processus 2 -----------------
74
75                Mem_etat : process (CLK, RST)
76                begin
77                        if RST = '0' then
78                                Etat_present <= E1;
79                        elsif CLK'event and CLK = '1' then
80                                Etat_present <= Etat_futur;
81                        end if;
```

```
82              end process Mem_etat;
83
84          end Behavioral;
85
86          -----------------------------------------------
```

La description avec un processus :

La description la plus compacte en utilisant une seule variable pour l'état. En revanche, on constate une perte de lisibilité lors de l'écriture et nous permet d'avoir moins de résultat de synthèse par rapport à une description à deux/trois processus. En pratique et pour une programmation modulaire et lisible, c'est utile d'utiliser une synthèse à trois ou à deux processus.

```
1           -----------------------------------------------
2
3           library ieee;
4           use ieee.std_logic_1164.all;
5           use ieee.std_logic_arith.all;
6           use ieee.std_logic_unsigned.all;
7           use ieee.numeric_std;
8
9           -----------------------------------------------
10
11          entity FSM_Synt is
12              Port (
13                          RST  : in   STD_LOGIC:='0';
14                          S    : in   STD_LOGIC:='0';
15                          FCA  : in   STD_LOGIC:='0';
16                          FCR  : in   STD_LOGIC:='0';
17                          CLK  : in   STD_LOGIC:='0';
18                          A    : out  STD_LOGIC:='0';
19                          R    : out  STD_LOGIC:='0'
20                          );
21          end FSM_Synt;
22
23          -----------------------------------------------
24
25          architecture Behavioral of FSM_Synt is
26
27          type   Etat is (E1, E2, E3);
28          Signal Etat_G : Etat := E1;
29
30          begin
31
32              Proc_G : process (CLK, RST, FCR, S, FCA)
33              begin
34                  if RST = '0' then
35                      Etat_G <= E1;
36                  elsif CLK'event and CLK = '1' then
37                      case Etat_G is
38
39                      -- Passage de E1 ----> E2
40                      when E1 =>
41                          if S = '1' and FCR ='1' then
42                              Etat_G <= E2;
```

```
43                               else
44                                       Etat_G <= E1;
45                               end if;
46
47                       -- Passage de E2 ----> E3
48                       when E2 =>
49                               if  FCA= '1' then
50                                       Etat_G <= E3;
51                               else
52                                       Etat_G <= E2;
53                               end if;
54
55                       -- Passage de E3 ----> E1
56                       when E3 =>
57
58                               if FCR = '1' then
59                                       Etat_G <= E1;
60                               else
61                                       Etat_G <= E3;
62                               end if;
63                       end case;
64               end if;
65           end process Proc_G;
66
67           -- Génération des sorties
68           A <= '1' when Etat_G =E2 else
69           '0';
70           R <= '1' when Etat_G =E3 else
71           '0';
72
73       end Behavioral;
74
75       ---------------------------------------------
```

1.5.5 Des exemples pratiques des machines à état en VHDL

1.5.5.1 Le contrôleur d'un moteur pas à pas (2 sens)

La figure 1.53 montre l'architecture globale du système de contrôle d'un moteur pas à pas. Elle est constituée de trois unités essentiels :

- Le contrôleur du monteur pas à pas pour implémenter la loi de la commande du moteur. C'est un circuit numérique synchrone avec une entrée de sélection de la direction (DIR) ou sens de rotation du moteur et une entrée d'horloge externe qui définit la vitesse de rotation du moteur et une entrée de réinitialisation.
- Le driver : Circuit amplificateur du courant (booster le courant dans les phases du moteur) ou les niveaux de la tension comprennent généralement des transistors Darlington de puissance (Ex : ULN2003).
- Le moteur pas à pas (Ex : 4 phases)

Dans cet exemple, on va implémenter une loi de commande simple qui consiste à excité une phase parmi les quatre pour chaque coup d'horloge en suivant la séquence suivante : 0001(P1), 0010(P2), 0100(P3), 1000(P4) (Px pour la phase x). Le changement du sens de rotation du moteur se fait en inversant le sens de la séquence (P4, P3, P2, P1, P4...).

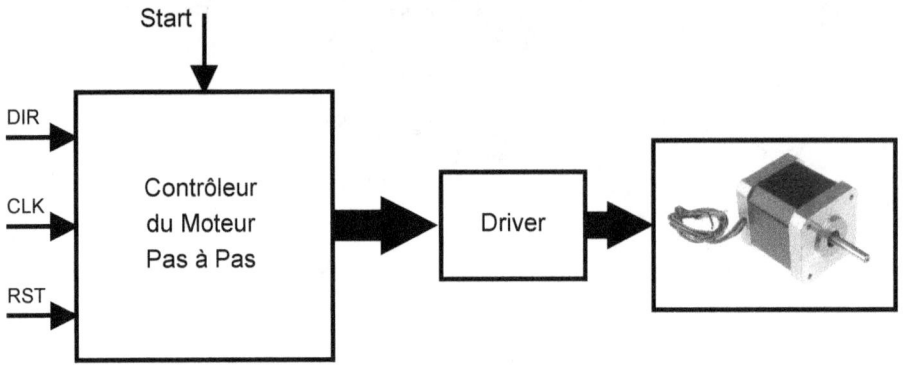

FIGURE 1.53 – L'architecture du circuit de la commande d'un moteur pas à pas

La figure 1.54 illustre la machine à état du contrôleur du moteur pas à pas à 4 phases.

La description avec trois processus :

```
1               -----------------------------------------
2
3               library ieee;
4               use ieee.std_logic_1164.all;
5               use ieee.std_logic_arith.all;
6               use ieee.std_logic_unsigned.all;
7               use ieee.numeric_std;
8
9               -----------------------------------------
10
11              entity Stepper_FSM is
12                  Port (
13                          RST   : in   STD_LOGIC:='0';
14                          Start : in   STD_LOGIC:='0';
15                          Dir   : in   STD_LOGIC:='0';
16                          CLK   : in   STD_LOGIC:='0';
17                          S     : out  STD_LOGIC_VECTOR(3 downto 0):=x"0"
18                          );
19              end Stepper_FSM;
20
21              -----------------------------------------
22              architecture Behavioral of Stepper_FSM is
23
24              type   Etat is (E0, E1, E2, E3, E4);
25              Signal Etat_present, Etat_futur : Etat := E0;
26
27              begin
28
29              ------------------ Processus 1 ------------------
30
31              LogComb_entree : process (Start, Dir, RST, Etat_present)
32              begin
33                      case Etat_present is
34                      -------------------------------
35                      when E0 =>
```

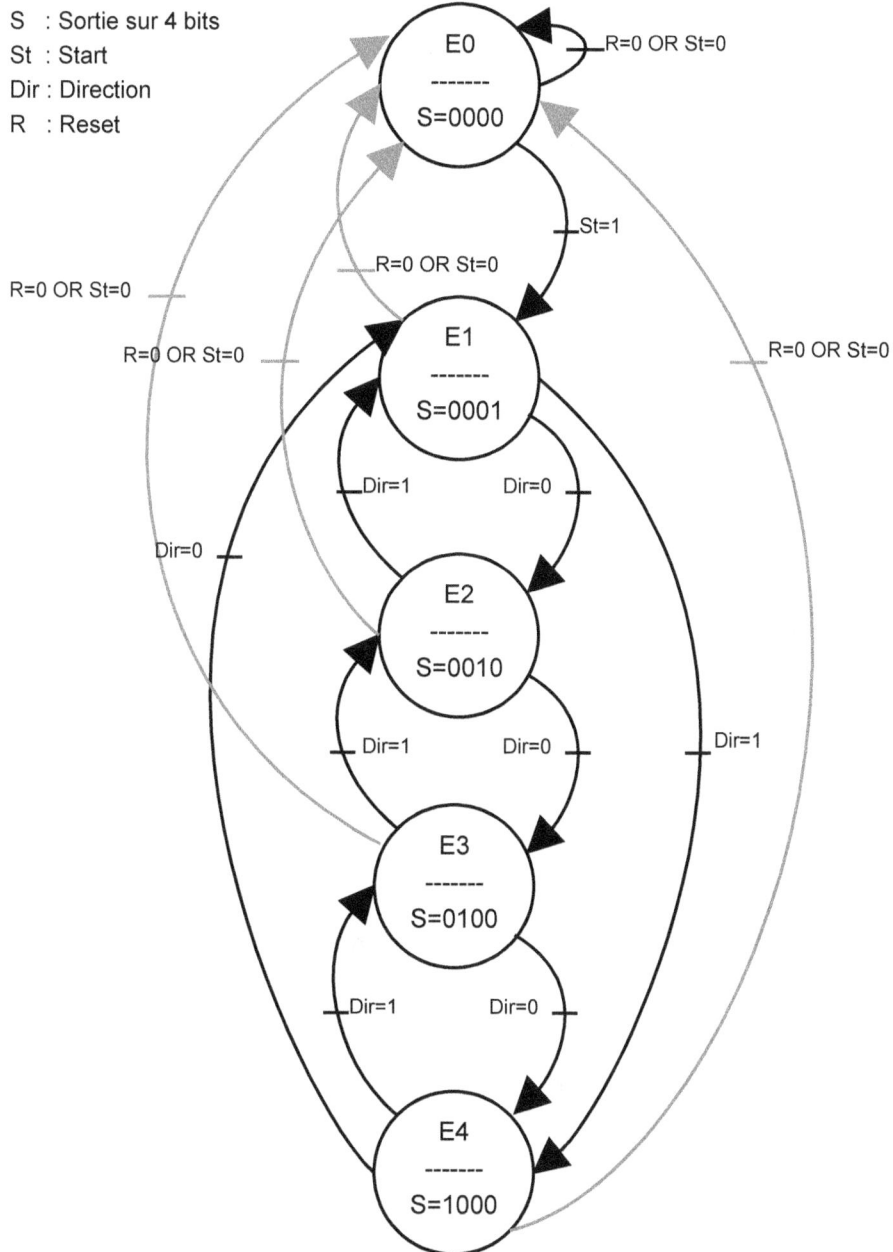

S : Sortie sur 4 bits
St : Start
Dir : Direction
R : Reset

FIGURE 1.54 – FSM du contrôleur du moteur pas à pas

```
36                          -- Logique des sorties
37                          -- S <= x"0";
38
39                          if Start = '1'  then
40                                  Etat_futur <= E1;
41                          else
42                                  Etat_futur <= E0;
43                          end if;
```

```
44                 --------------------------------
45                 when E1 =>
46                         -- Logique des sorties
47                         -- S <= x"1";
48
49                         if Dir = '0'  then
50                                 Etat_futur <= E2;
51                         elsif Dir = '1'  then
52                                 Etat_futur <= E4;
53                         elsif Start = '0' or RST ='1' then
54                                 Etat_futur <= E0;
55                         end if;
56                 --------------------------------
57                 when E2 =>
58                         -- Logique des sorties
59                         -- S <= x"2";
60
61                         if Dir = '0'  then
62                                 Etat_futur <= E3;
63                         elsif Dir = '1'  then
64                                 Etat_futur <= E1;
65                         elsif Start = '0' or RST ='1' then
66                                 Etat_futur <= E0;
67                         end if;
68                 --------------------------------
69                 when E3 =>
70                         -- Logique des sorties
71                         -- S <= x"4";
72
73                         if Dir = '0'  then
74                                 Etat_futur <= E4;
75                         elsif Dir = '1'  then
76                                 Etat_futur <= E2;
77                         elsif Start = '0' or RST ='1' then
78                                 Etat_futur <= E0;
79                         end if;
80                 --------------------------------
81                 when E4 =>
82                         -- Logique des sorties
83                         -- S <= x"8";
84
85                         if Dir = '0'  then
86                                 Etat_futur <= E1;
87                         elsif Dir = '1'  then
88                                 Etat_futur <= E3;
89                         elsif Start = '0' or RST ='1' then
90                                 Etat_futur <= E0;
91                         end if;
92             end case;
93         end process LogComb_entree;
94
95         ------------------ Processus 2 ------------------
96
97         Mem_etat : process (CLK, RST)
98         begin
```

```
99                          if RST = '0' then
100                                 Etat_present <= E0;
101                         elsif CLK'event and CLK = '1' then
102                                 Etat_present <= Etat_futur;
103                         end if;
104                 end process Mem_etat;
105
106                 ------------------ Processus 3 ------------------
107
108                 LogComb_sorties : process (Etat_present)
109                 begin
110                         case Etat_present is
111                                 when E0 =>
112                                         S <= x"0";
113                                 when E1 =>
114                                         S <= x"1";
115                                 when E2 =>
116                                         S <= x"2";
117                                 when E3 =>
118                                         S <= x"4";
119                                 when E4 =>
120                                         S <= x"8";
121                         end case;
122                 end process LogComb_sorties;
123
124         end Behavioral;
125
126         ---------------------------------------------
```

1.5.5.2 Le contrôleur d'une perseuse avec temporisation

Le cycle commence avec un appui sur l'interrupteur start et l'arrêt du cycle avec l'interrupteur stop quelque soit l'état du système ou éventuellement avec l'entrée de réinitialisation globale du système RST. Lorsque start = 1, la perceuse descende jusqu'à la position bas, puis attend la fin de la temporisation.A la fin de cette dernière, la perceuse remonte jusqu'à la position haut et le cycle recommence.

La figure 1.56 illustre la machine à état du système.

LA description avec trois processus :

```
1         ---------------------------------------------
2
3         library ieee;
4         use ieee.std_logic_1164.all;
5         use ieee.std_logic_arith.all;
6         use ieee.std_logic_unsigned.all;
7         use ieee.numeric_std;
8
9         ---------------------------------------------
10
11        entity Pers_FSM is
12                Generic
13                (
14                N : positive :=8
```

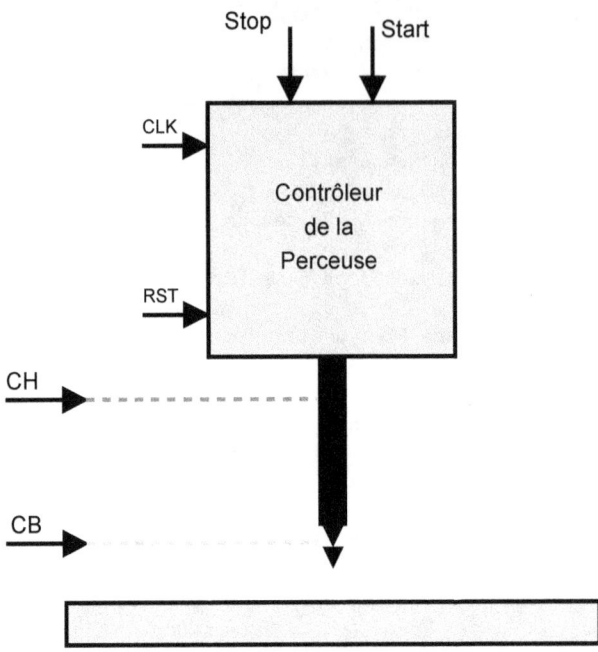

FIGURE 1.55 – Le dessin descriptif de la perceuse

```
15                    );
16          Port (
17                           RST   : in    STD_LOGIC:='0';
18                           Start: in    STD_LOGIC:='0';
19                           Stop : in    STD_LOGIC:='0';
20                           CH    : in    STD_LOGIC:='0';
21                           CB    : in    STD_LOGIC:='0';
22                           CLK   : in    STD_LOGIC:='0';
23                           M     : out   STD_LOGIC:='0';
24                           D     : out   STD_LOGIC:='0';
25                           -- Sortie fin du temporisateur
26                           CC    : out   STD_LOGIC:='0'
27                           );
28          end Pers_FSM;
29
30          -------------------------------------------
31
32          architecture Behavioral of Pers_FSM is
33
34          Type   Etat is (E0, E1, E2, E3);
35          Signal Etat_present, Etat_futur : Etat := E0;
36
37          Constant Max_count : std_logic_vector(N-1 downto 0):= x"F0";
38          signal   Count : std_logic_vector(N-1 downto 0):= (others =>'0');
39          signal   Count_end :std_logic:='0';
40
41          begin
42
43                  Count_p : process (CLK, Etat_present)
```

```
44                          begin
45                           if (CLK'event and CLK='1') then
46                               if Etat_present = E2   then
47                                   Count<= Count + 1 ;
48      --                              if Count = Max_count then
49      --                                  Count <= (others =>'0');
50      --                                  Count_end <= '1';
51      --                                  --CC<='1';
52      --                              else
53      --                                  Count<=Count;
54      --                                  Count_end <='0';
55      --                                  --CC <='0';
56      --                              end if;
57                              end if;
58                          end if ;
59                  end process Count_p;
60                  CC <= '1' when Count = Max_count else
61                  '0';
62                  Count_end <= '1' when Count = Max_count else
63                  '0';
64                  ----------------- Processus 1 ------------------
65
66                  LogComb_entree : process (Start, Stop, CH, CB,
67                  Etat_present, Count_end)
68                  begin
69                          case Etat_present is
70
71                          -------------------------------
72
73                          when E0 =>
74
75                              if Start = '1' and Stop='0'  then
76                                  Etat_futur <= E1;
77                              else
78                                  Etat_futur <= E0;
79                              end if;
80
81                          -------------------------------
82
83                          when E1 =>
84
85                              if CB = '1'  then
86                                  Etat_futur <= E2;
87                              elsif CB = '0'  then
88                                  Etat_futur <= E1;
89                              elsif Stop ='1' then
90                                  Etat_futur <= E0;
91                              else
92                                  Etat_futur <=Etat_futur;
93                              end if;
94
95                          -------------------------------
96
97                          when E2 =>
98
```

```
99                                        if Count_end ='0' then
100                                               Etat_futur <= E2;
101                                       elsif Count_end ='1' then
102                                               Etat_futur <= E3;
103                                       elsif Stop ='1' then
104                                               Etat_futur <= E0;
105                                       else
106                                               Etat_futur <=Etat_futur;
107                                       end if;
108
109                          -------------------------------
110
111                  when E3 =>
112
113                                       if CH = '1' then --   CH = '1' or Stop ='1'
114                                               Etat_futur <= E0;
115                                       elsif CH = '0' then
116                                               Etat_futur <= E3;
117                                       elsif Stop ='1' then
118                                               Etat_futur <= E0;
119                                       else
120                                               Etat_futur <=Etat_futur;
121                                       end if;
122                  end case;
123           end process LogComb_entree;
124
125           ------------------ Processus 2 ------------------
126
127           Mem_etat : process (CLK, RST)
128           begin
129                  if RST = '1' then
130                          Etat_present <= E0;
131                  elsif CLK'event and CLK = '1' then
132                          Etat_present <= Etat_futur;
133                  end if;
134           end process Mem_etat;
135
136           ------------------ Processus 3 ------------------
137
138           LogComb_sorties : process (Etat_present)
139           begin
140                  case Etat_present is
141                          when E0 =>
142                                  M <= '0';
143                                  D <= '0';
144                          when E1 =>
145                                  M <= '0';
146                                  D <= '1';
147                          when E2 =>
148                                  M <= '0';
149                                  D <= '0';
150                          when E3 =>
151                                  M <= '1';
152                                  D <= '0';
153                  end case;
```

```
154                    end process LogComb_sorties;
155
156          end Behavioral;
157
158          -----------------------------------------------
```

Le processus **Count_p** constitue le noyau du temporisateur de la perceuse. La valeur du temporisateur dépend de deux paramètres : La fréquence d'horloge CLK et la valeur finale du compteur Max_count (Ex : Clk=12Mhz et le compteur est modulo 12, alors la valeur de temporisation est de 1/1MHz = 1us)

```
...
43                    Count_p : process (CLK,Etat_present)
44                         begin
45                         if (CLK'event and CLK='1') then
46                             if Etat_present = E2   then
47                                 Count<= Count + 1 ;
48    --                             if Count = Max_count then
49    --                                 Count <= (others =>'0');
50    --                                 Count_end <= '1';
51    --                                 --CC<='1';
52    --                             else
53    --                                 Count<=Count;
54    --                                 Count_end <='0';
55    --                                 --CC <='0';
56    --                             end if;
57                             end if;
58                         end if ;
59                    end process Count_p;
...
```

1.5.5.3 La serrure codée sur 3 digits

On va étudier dans cet exemple la machine à état d'une serrure codée sur 3 digits (3 chiffres). La porte ne s'ouvre que si l'on tape la séquence 127 (1,2 et 7). L'entrée de la machine est sur 4 bits (0 à F), le circuit génère une sortie S=1 pour une séquence valide (figure 1.57).

La description avec deux processus - Solution 1 :

```
1          -----------------------------------------------
2
3          library ieee;
4          use ieee.std_logic_1164.all;
5          use ieee.std_logic_arith.all;
6          use ieee.std_logic_unsigned.all;
7          use ieee.numeric_std;
8
9          -----------------------------------------------
10
11         entity Serr_FSM1 is
12              Generic
13              (
14                      N : positive :=4
15              );
```

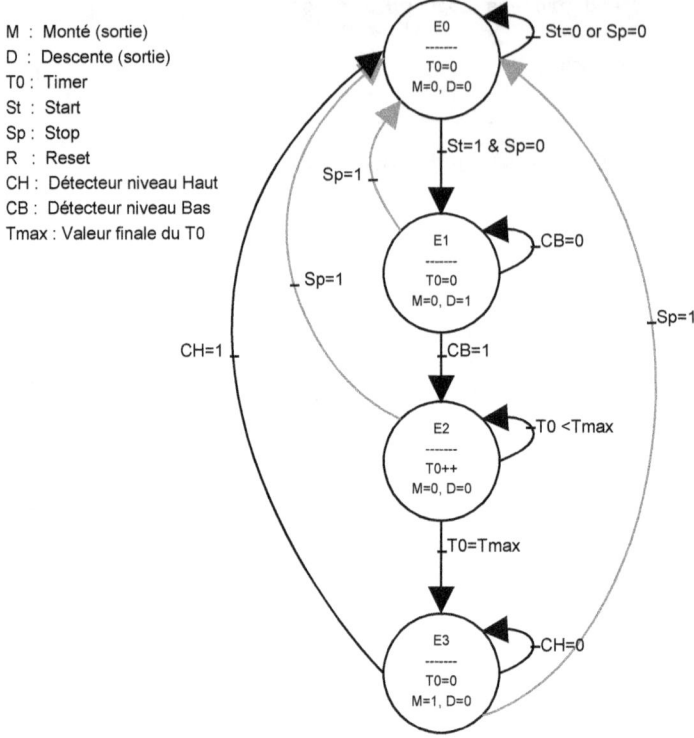

FIGURE 1.56 – FSM de la perceuse avec temporisation

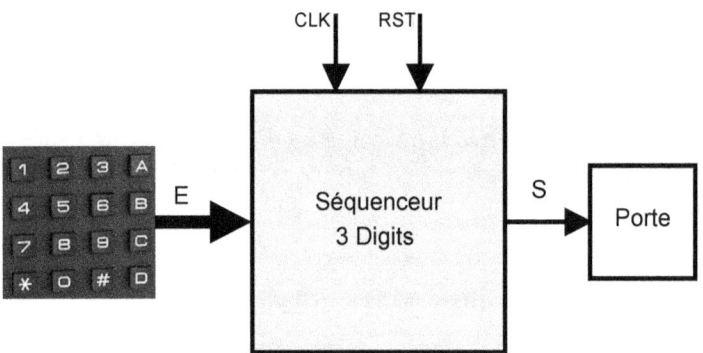

FIGURE 1.57 – Le montage d'une serrure codée

```
16          Port (
17                        RST: in    STD_LOGIC:='0';
18                        E  : in    STD_LOGIC_VECTOR(N-1 downto 0)
18                                          := (others =>'0');
19                        CLK: in    STD_LOGIC:='0';
20                        S  : out   STD_LOGIC:='0'
21                        );
22          end Serr_FSM1;
23
24          ------------------------------------------------
```

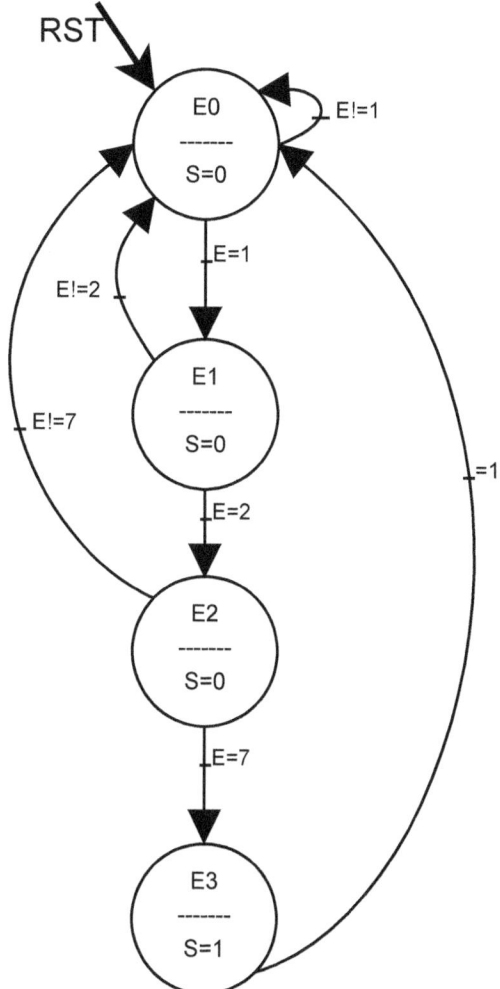

FIGURE 1.58 – FSM de la serrure codée

```
25
26        architecture Behavioral of Serr_FSM1 is
27
28        Type   Etat is (E0, E1, E2, E3);
29        Signal Etat_present, Etat_futur : Etat := E0;
30
31        begin
32
33                ------------------ Processus 1 ------------------
34
35                LogComb_entree : process (E, Etat_present)
36                begin
37                        case Etat_present is
38
39                        -------------------------------
40                        when E0 =>
41
```

```
42                               if E = x"1" then
43                                       Etat_futur <= E1;
44                               else
45                                       Etat_futur <= E0;
46                               end if;
47                       --------------------------------
48                       when E1 =>
49
50                               if E = x"2" then
51                                       Etat_futur <= E2;
52                               else
53                                       Etat_futur <= E0;
54                               end if;
55                       --------------------------------
56                       when E2 =>
57
58                               if E = x"7" then
59                                       Etat_futur <= E3;
60                               else
61                                       Etat_futur <= E0;
62                               end if;
63                       --------------------------------
64                       when E3 =>
65                               Etat_futur <= E0;
66
67                       end case;
68               end process LogComb_entree;
69
70               ------------------ Processus 2 ------------------
71
72               Mem_etat : process (CLK, RST)
73               begin
74                       if RST = '1' then
75                               Etat_present <= E0;
76                       elsif CLK'event and CLK = '1' then
77                               Etat_present <= Etat_futur;
78                       end if;
79               end process Mem_etat;
80
81               -- Sorties
82               S <= '1' when Etat_present = E3 else
83               '0';
84
85       end Behavioral;
86
87       --------------------------------------------
```

La description avec deux processus - Solution 2 :

```
1        --------------------------------------------
2
3        library ieee;
4        use ieee.std_logic_1164.all;
5        use ieee.std_logic_arith.all;
6        use ieee.std_logic_unsigned.all;
7        use ieee.numeric_std;
```

```
8
9               ----------------------------------------------
10
11      entity Serr_FSM2 is
12              Generic
13              (
14                          N : positive :=4;
15                          M_dig : positive :=3
16              );
17          Port (
18                          RST: in    STD_LOGIC:='0';
19                          E  : in    STD_LOGIC_VECTOR(N-1 downto 0)
19                                          := (others =>'0');
20                          CLK: in    STD_LOGIC:='0';
21                          S  : out   STD_LOGIC:='0'
22                          );
23      end Serr_FSM2;
24
25              ----------------------------------------------
26
27      architecture Behavioral of Serr_FSM2 is
28
29      Type   Etat is (E0, E1, E2, E3);
30      Signal Etat_present, Etat_futur : Etat := E0;
31
32      Type    T_DATA is array (0 to M_dig-1) of std_logic_vector(N-1 downto 0);
33
34      -- Anode commune
35      CONSTANT SEQ_3 : T_DATA :=
36                  (
37                                      x"1",  -- '1'
38                                      x"2",  -- '2'
39                                      x"7"); -- '7'
40
41      begin
42
43              ----------------- Processus 1 -----------------
44
45          LogComb_entree : process (E, Etat_present)
46          begin
47                  case Etat_present is
48
49                  --------------------------------
50                  when E0 =>
51
52                          if E = SEQ_3(0) then
53                                  Etat_futur <= E1;
54                          else
55                                  Etat_futur <= E0;
56                          end if;
57                  --------------------------------
58                  when E1 =>
59
60                          if E = SEQ_3(1) then
61                                  Etat_futur <= E2;
```

```
62                                    else
63                                            Etat_futur <= E0;
64                                    end if;
65                            ---------------------------------
66                            when E2 =>
67
68                                    if E = SEQ_3(2) then
69                                            Etat_futur <= E3;
70                                    else
71                                            Etat_futur <= E0;
72                                    end if;
73                            ---------------------------------
74                            when E3 =>
75                                    Etat_futur <= E0;
76
77                            end case;
78                    end process LogComb_entree;
79
80            ------------------ Processus 2 ------------------
81
82            Mem_etat : process (CLK, RST)
83            begin
84                    if RST = '1' then
85                            Etat_present <= E0;
86                    elsif CLK'event and CLK = '1' then
87                            Etat_present <= Etat_futur;
88                    end if;
89            end process Mem_etat;
90
91            -- Sorties
92            S <= '1' when Etat_present = E3 else
93            '0';
94
95      end Behavioral;
96
97      ---------------------------------------------
```

La deuxième solution utilise une séquence générique en utilisant un tableau des constantes. Vous pouvez changer la séquence facilement et augmenter le nombre des digits en apportant des modifications légères dans le programme VHDL.

1.6 Conclusion

On arrive à la fin de la première partie du livre présentant une introduction sur le langage VHDL, la structure de son programme et les méthodes de description en VHDL avec des exemples simples et pratiques. Également, vous avez la dernière partie qui a traité les machines à état avec des exemples tels que la commande d'un moteur pas à pas et aussi d'une perceuse.

1.7 Mots réservés du langage VHDL

abs	access	after
alias	all	and
architecture	array	assert
attribute	generate	generic
group	guarded	package
port	postponed	procedural
procedure	process	protected
pure	wait	when
while	with	begin
block	body	buffer
bus	if	impure
in	inertial	inout
is	range	record
reference	register	reject
rem	report	return
rol	ror	xnor
xor	case	component
configuration	constant	label
library	linkage	literal
loop	select	severity
signal	shared	sla
sll	sra	srl
subtype	disconnect	downto
map	mod	then
to	transport	type
else	elsif	end
entity	exit	nand
new	next	nor
not	null	unaffected
units	until	use
file	for	function
of	on	open
or	others	out

TABLE 1.4 – Mots réservés du langage VHDL

CHAPITRE 2

LINTRODUCTION AU LANGAGE C EMBARQUÉ

Ce chapitre a pour objectif d'étudier et de se familiariser avec les aspects importants du langage C embarqué. Un ingénieur électronicien, doit maîtriser le langage C embarqué afin de pouvoir réaliser la conception et le développement des logiciels embarqués. On va étudier tout au long du chapitre, plusieurs exemples pratiques et simples en utilisant les différents aspects du langage C (tableaux, pointeurs, fonctions, ...). La deuxième partie, sera consacrée aux exemples en langage C pour le traitement d'image.

2.1 Initiation au langage C

2.1.1 Introduction

Le langage C est plus proche de la machine et adapté aux applications embarquées et/ou temps réel. Le langage C est né en 1972 par ATT Bell Laboratoires.

Comparaison du langage C avec d'autres langages de programmation :

- **C++** : 1988, 1990 (ISO/CEI 14882 :1998) ;
- **Java** :1995 (Sun Microsystems) ;
- **Fortran** : 1954, 1978 ;
- **Cobol** : 1964, 1970 ;
- **Pascal** : 1970 ;
- **Lisp** : 1956, 1984 (CommonLisp).

2.1.1.1 La Particularité du langage C

Le langage C, est un langage de bas niveau par rapport aux autres langages actuels et il est encore très utilisé. En plus, il présente un atout majeur pour les opérations plus proches de la machine (microprocesseur), la gestion de la mémoire et c'est un langage par excellence des systèmes embarqués. Ci-dessous, une liste non exhaustive des avantages du langage C.

- **Rapide** : C permet d'être plus compatibles aux applications rapides et aux noyaux temps réels ;

- **Indépendant de la machine** : C est un langage près de la machine et il peut être utilisé sur n'importe quel système ayant un compilateur C ;
- **Portable** : En respectant le standard C-ANSI, il est possible d'utiliser, dans la plupart des cas, le même programme sur d'autres systèmes matériels/logiciels simplement en le recompilant ;
- **Extensible** : C peut être étendu et enrichi par l'utilisation de la bibliothèque des fonctions supplémentaires définie par l'utilisateur ;
- **Compact** : C est basé sur un noyau de fonctions et d'opérateurs limitées qui permettent la formulation d'expressions simples mais efficaces ;
- **Modulaire** : C est basé sur un noyau de fonctions et d'opérateurs limitées qui permettent la formulation d'expressions simples mais efficaces ;
- **Universel** : C est un langage passe par tout et il n'est pas destiné à un domaine en particulier ;
- **Près de la machine** : C dispose des opérateurs qui sont très proches de ceux du langage machine (manipulations de bits, gestion de la mémoire, pointeurs...etc). Ce sont des outils essentiels dans la programmation des systèmes embarqués.

2.1.2 La structure d'un programme en langage C

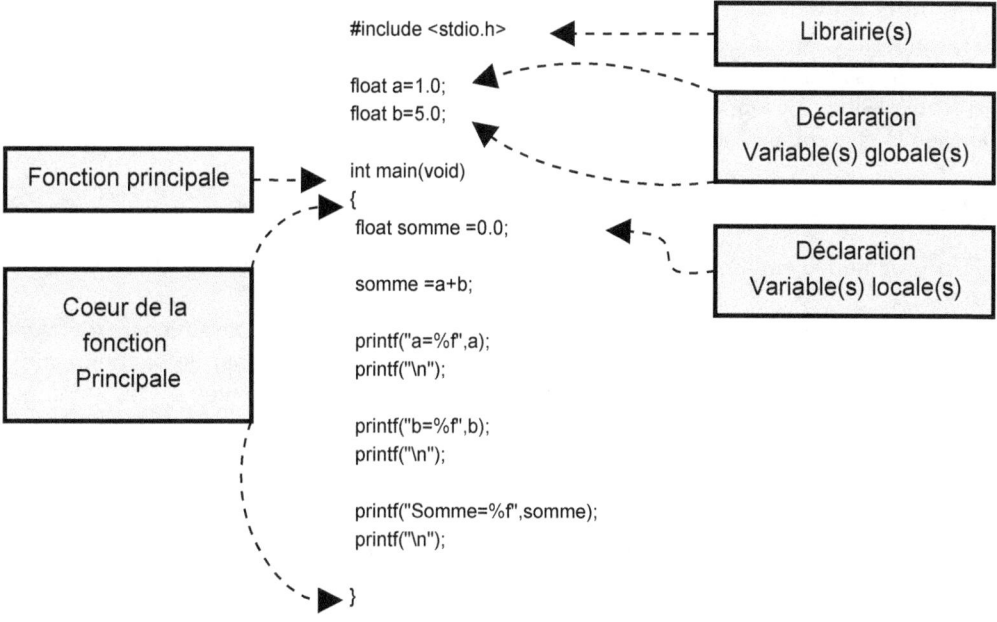

FIGURE 2.1 – La structure d'un programme en C

La structure d'un programme de base en langage C peut être subdivisée en trois parties essentielles (figure 2.1) :

1. La déclaration des bibliothèques (ou librairies)

En résumé, une bibliothèque contient les définitions d'un ensemble de fonctions qui appartiennent à une catégorie (Ex : « math.h » pour les fonctions mathématiques). Tout programme en C, commence par l'importation des différentes librairies pour faire fonctionner le programme correctement. Chaque fonction, doit appartenir à une librairie prédéfinie dans le compilateur ou déclarée dans le programme principal. On verra dans la suite de l'ouvrage comment définir une fonction en langage C.

stdio.h : contient les déclarations de variables externes et les définitions de fonctions de la librairie d'E/S formatées (standard input output).

La syntaxe :

#include <nom_lib.h> ou #iclude "nom_lib.h"

Des exemples :

- #include <stdio.h> : Libraire de base en C (affichage, opérateurs de base,...)
- #include <string.h> : Chaines de caractère
- #include "math.h" : fonctions mathématiques
- ...

1. Le champ de déclaration des variables globales

Le langage C est un langage compilé et typé. La déclaration d'une variable est obligatoire avant son utilisation. Chaque variable est défini par son nom(identificateur), type et portée(lisibilité). On verra dans la partie suivante, les différents types de données en langage C et comment déclarer une variable ou constante.

La fonction principale main() :

Un programme en langage C doit contenir, au minimum, une seule fonction main().

La fonction main() d'un programme C, est la première fonction exécutée lors du lancement du programme. Le langage C spécifie un prototype complet pour la fonction main() (paramètres d'entrées et un type de retour) qui permet au programme de récupérer ses paramètres.

La syntaxe de la fonction main() :

int main(int argc, char *argv[]) ;

- **Int argc** : Le nombre de paramètres passés au programme. Ce nombre est toujours supérieur à 1 car le premier paramètre est toujours le nom de l'exécutable.
- **Char * argv []** : Un tableau de chaines de caractères contenant les paramètres passés au programme.

Le premier élément du tableau (argv[0]) contient toujours le nom du programme ou plus précisément le chemin utilisé pour accéder au fichier exécutable.

Le programme d'affichage des arguments passés au programme :

```
1       #include <stdio.h>
2
```

```
3        int main ( int argc , char * argv[] )
4        {
5                int i;
6                /* affichage des arguments */
7                printf("Nombre d'arguments : %d\n",argc);
8                for(i = 0 ; i< argc ; i ++)
9                {
10                       printf(" argv[%d] : '%s'\n", i, argv[i]);
11               }
12               return 0 ;
13       }
```

2.1.3 Les types de donnée en C

2.1.3.1 les variables et les constantes

Une variable comme son nom l'indique, est un objet référencé par son nom et elle peut contenir des données modifiables lors de l'exécution du programme. En revanche, une constante reste inéchangeable tout au long du programme. Une variable est stockée dans la mémoire et on verra dans la suite de l'ouvrage, comment savoir l'adresse de la variable. On verra aussi comment affecter une adresse mémoire à une variable dans la partie traitant les pointeurs en C.

Concernant les variables/constantes en langage C, on a trois types :
- Scalaires ;
- Tableaux ;
- Tableaux multidimensionnel.

La portée (lisibilité) d'une variable en C, dépend de l'emplacement de sa déclaration (à l'intérieur ou à l'extérieur d'une fonction) et la définition explicite de sa portée en utilisant les mots clés **static** ou **extern**.

La variable globale :

Une variable globale d'un fichier (ou fonction) est par défaut accessible partout dans le programme. Ce qui est équivalent à rajouter le mot clé **extern**. Par contre, une variable globale, déclarée static, n'est visible qu'à l'intérieur du fichier. Les variables globales sont initialisées par la valeur nulle qui correspond à leur type.

La variable locale :

Une variable locale est déclarée à l'intérieur d'une fonction. Une variable sans le mot clé static ou extern, n'est visible qu'à l'intérieur du bloc et elle est réinitialisée à chaque entrée dans le bloc. La valeur de cette initialisation est aléatoire. Une variable locale masque les variables du même nom ayant une portée plus large (globale). Si la variable d'un bloc est déclarée static, elle garde sa valeur en permanence et c'est une façon pour éviter les valeurs aléatoires de la réinitialisation de la variable.

La syntaxe :

static type_var nom_var [= init_value];

$$\text{extern type\_var nom\_var } [= \text{init\_value}] ;$$

$$\text{type\_var nom\_var } [= \text{init\_value}] ;$$

Exemple 1 :

```
int a ;         // Déclaration d'une variable entier
int a=10 ;      // Déclaration et initialisation d'une variable entier
int a, b, c ;   // Déclaration de plusieurs variables
int a=10, b=10 ; // Déclaration et initialisation
static int a ;  // Déclaration d'une variable statique
extern int a=0 ; // Déclaration d'une variable externe
const int a=10 ; // Déclaration d'une constante de type entier
```

Exemple 2 :

```
1        #include <stdio.h>
2        #include <string.h>
3        #include "math.h"
4
5        ....
6
7        // Variable globale implicite (extérieur de main())
8        float a ;
9        float b;
10       // Variable globale initialisée
11       static float c;
12       ...
13
14       int main(void)
15       {
16               // Variable locale implicite (intérieur de main() )
17               float somme =0.0;
18               // La variable a (globale) est masquée par
19               // la variable locale a
20               float a ;
21               // Variable locale statique
22           static d;
23               ....
24       }
25
```

Exemple 3 :

```
1        #include <stdio.h>
2        #include <math.h>
3
4        const float PI=3.1416;
5        float sin_20, sin_30, sin_40;
6
7        void main (void )
8        {
9                sin_20 = sin(20*2.0*PI/360.0);
10               sin_30 = sin(30*2.0*PI/360.0);
11               sin_40 = sin(40*2.0*PI/360.0);
12
13               printf(" sin(20) = %f\n",sin_20 );
```

```
14              printf(" sin(30) = %f\n",sin_30 );
15              printf(" sin(40) = %f\n",sin_40 );
16      }
17
18      /*
19      Résultats
20
21      sin(20) =  0.342021
22      sin(30) =  0.500001
23      sin(40) =  0.642789
24      */
```

On peut également définir une constante en utilisant « define » et elle se contente de remplacer, partout dans le code, le nom de la constante par sa valeur. En revanche, la déclaration effective d'une constante par le mot « const » est constituée d'une variable, donc une allocation mémoire. On peut en déduire que la définition d'une constante par le mot « define » n'a pas besoin d'une allocation en mémoire.

Exemple 4 :

```
#inclide <stdio.h>
#define  PI 3.14
#define  N  10
#define  Taille 20

...
```

2.1.3.2 Les types

Les données manipulées en langage C, sont typées comme pour la plupart des langages de programmation (le langage VHDL) : Pour chaque donnée que l'on utilise (dans les variables et les constantes), il faut préciser le type de donnée pour permettre la connaissance du nombre d'octets occupés dans la mémoire.

Le tableau récapitulatif des types de données en langage C :

Type	Signification	Taille (en octets)	Dynamique
bool	Bolean	1 bit	TRUE or FALSE
char	Caractère	1	-128 à 127
unsigned char	Caractère non signé	1	0 à 255
short int	Entier court	2	-32 768 à 32 767
unsigned short int	Entier court non signé	2	0 à 65 535
int	Entier	2 ou 4*	-32 768 à 32 767
unsigned int	Entier non signé	2 ou 4*	0 à 65 535
long int	Entier long	4	-2 147 483 648
			à 2 147 483 647
unsigned long int	Entier long non signé	4	0 à 4 294 967 295
float	Flottant	4	$3.4*10-38$ à $3.4*1038$
double	Flottant double	8	$1.7*10-308$ à $1.7*10308$
long double	Flottant double long	10	$3.4*10-4932$
			à $3.4*104932$

TABLE 2.1 – Types de données en langage C

Le tableau illustre les différents types en langage C. La longueur du type int et unsigned int peut changer en fonction du microprocesseur de la machine (32 ou 64 bits).

La présentations des nombres :

La présentation d'un nombre entier en langage C, peut être effectuée en trois façons :
- Base décimale : L'entier est représenté par les chiffres de 0 à 9 ;
- Base hexadécimale : L'entier est représenté par les chiffres de 0 à F (0-15) (Ex : 0xA0 pour 160 =16x10) ;
- Base octale : L'entier est représenté par les chiffres de 0 à 7 (Ex : 50 pour 40 = 8x5).

La création d'un nouveau type :

Il est possible en C de définir un nouveau type de données (des synonymes de types). Il s'agit du mot-clé typedef. Celui-ci admet la syntaxe suivante :

$$\text{typedef nom\_type synonyme\_du\_type ;}$$

Exemple :

```
...
typedef unsigned char octet;
typedef float tab_3[3];
typedef unsigned int  positif
...

octet o1,o2, o3;
tab_3 tab1, tab2;
positif pos1 ;
....
```

La conversion de type de données en langage C :

La conversion du type (transtypage / casting) est un moyen pour convertir une variable d'un type de données à un autre type de données. Par exemple, convertir un nombre flottant en un nombre entier (garder la partie entière du nombre), peut se faire d'une façon **Implicite** ou **Explicite** :

Explicite : On peut convertir les valeurs d'un type à l'autre en utilisant explicitement l'opérateur de casting de la manière suivante :

$$\text{Val\_new\_type} = (\text{new type})\text{Val\_old\_type ;}$$

Exemple 1 :

```
Float a=10.25
a = (int)a ;
```

Implicite : Avec une affectation simple sans faire recours à l'opérateur de conversion cité précédemment.

Exemple 2 :

```
Int a ;
```

A=10.25 ;
Exemple 3 :

Ce programme permet de convertir un nombre avec une virgule flottante en virgule fixe dans le format Qk (K : nombre de bits après la virgule).

```
1          #include <stdio.h>
2          #include <math.h>
3
4          float a_flot = 10.23;
5          unsigned  int a_fixe=0;
6          float dif_flot_fixe=0.0;
7
8          const unsigned char k=10;
9
10         void main (void )
11         {
12
13                 // Conversion implicite
14                 a_fixe = (unsigned long int) (a_flot *pow(2,k));
15
16                 // Conversion explicite
17                 dif_flot_fixe = a_fixe - (a_flot*pow(2,k));
18
19                 printf(" a_flot =   %f\n",a_flot );
20                 printf(" a_fixe =   %d\n",a_fixe );
21                 printf(" Erreur =   %f\n",dif_flot_fixe );
22         }
23
24         /*
25
26         Résultats
27         a_flot =   10.230000
28         a_fixe =   10475
29         Erreur =   -0.519531
30
31         */
```

2.1.3.3 Les structures et les opérateurs

Les tableaux permettent de définir le type de variables qui peuvent contenir plusieurs éléments de données du même genre. Egalement, une structure est un autre type de données disponible en C, définie par l'utilisateur et elle permet de combiner des éléments de données de différents types.

Pour définir une structure, vous devez utiliser le mot clés "**struct**". La déclaration d'une structure définit un nouveau type de données contenant plus d'un membre (variable). Le format de la déclaration d'une structure est comme suit :

La syntaxe d'une structure :

```
struct [nom_struct]
{
type_1 Var_1 ;
type_2 Var_2 ;
```

```
type_3 Var_3  ;
...
} [une, ou plusieurs variables];
```

Un exemple de définition :

```
struct Pixel
{
unsigned char R;
unsigned char G;
unsigned char B;
};

struct Pixel P1,P2;
```

```
struct Pixel
{
unsigned char R;
unsigned char G;
unsigned char B;
}P1, P2;
```

```
struct
{
unsigned char R;
unsigned char G;
unsigned char B;
}P1, P2;
```

```
struct Cercle
{
char couleur[10];
unsigned int R;
unsigned int C_x;
unsigned int C_y;

}C1,C2,C2;
```

Pour accéder à tout les membres d'une structure, nous utilisons l'opérateur d'accès au membre (.). L'opérateur d'accès aux membre est codifiée entre le nom de la variable de structure et le membre de structure auquel nous voulons accéder. Vous devriez utiliser le mot clé struct pour définir des variables de type de structure (voir exemples ci-dessus). L'exemple suivant, montre comment utiliser une structure dans un programme :

```
1        #include <stdio.h>
3
4        // Définition de la structure
5        struct Pixel
```

```
6          {
7                  unsigned char R;
8                  unsigned char G;
9                  unsigned char B;
10         }P1;
11
12         // Déclaration de la variable P2 de type Pixel
13         struct Pixel P2;
14
15         void main (void )
16         {
17                  // Initialisation du pixel 1
18                  P1.R =0;
19                  P1.G=0;
20                  P1.B=255;
21
22                  // Initialisation du pixel 2
23                  P2.R =255;
24                  P2.G=0;
25                  P2.B=0;
26
27                  // Affichage du Pixel 1
28                  printf(" P1_R =  %d\n",P1.R );
29                  printf(" P1_G =   %d\n",P1.G );
30                  printf(" P1_B =   %d\n",P1.B );
31
32                  printf("-----------------------------\n");
33
34                  // Affichage du Pixel 2
35                  printf(" P2_R =  %d\n",P2.R );
36                  printf(" P2_G =   %d\n",P2.G );
37                  printf(" P2_B =   %d\n",P2.B );
38         }
39
40         /*
41         Résultats
42                  P1_R =  0
43                  P1_G =  0
44                  P1_B =  255
45                  -----------------------------
46                  P2_R =  255
47                  P2_G =  0
48                  P2_B =  0
49         */
```

Les champs de bit :

Les champs de bit permettent de fixer le nombre de bit alloué pour chaque membre de la structure. Ceci est particulièrement utile dans les systèmes embarqués ayant des contraintes concernant la capacité mémoire (manipulation des registres, les opérations en virgule fixe ou le stockage de données). L'exemple ci-dessous, montre la structure d'un registre sur 8 bits et la définition de chaque bit dans le registre d'état.

```
1          #include <stdio.h>
2
```

```c
 3          // Définition du registre
 4
 5          struct State_Reg {
 6              unsigned short int f1:1; // 0-1  - 2^1 - 1
 7              unsigned short int f2:1; // 0-1  - 2^1 - 1
 8              unsigned short int f3:2; // 0-3  - 2^2 - 1
 9              unsigned short int f4:4; // 0-15 - 2^4 - 1
10          } SR1,SR2,SR3;
11
12          void main (void )
13          {
14                  // Initialisation état 1
15                  SR1.f1 =1;
16                  SR1.f2 =0;
17                  SR1.f3 =2;
18                  SR1.f4 =10;
19
20                  // Initialisation état 2
21                  SR2.f1 =1;
22                  SR2.f2 =1;
23                  SR2.f3 =3;
24                  SR2.f4 =15;
25
26                  // Initialisation état 3
27                  SR3.f1 =99;
28                  SR3.f2 =55;
29                  SR3.f3 =2221;
30                  SR3.f4 =221;
31
32                  // Affichage état 1
33                  printf(" SR1_f1 =    %d\n",SR1.f1 );
34                  printf(" SR1_f2 =    %d\n",SR1.f2 );
35                  printf(" SR1_f3 =    %d\n",SR1.f3 );
36                  printf(" SR1_f4 =    %d\n",SR1.f4 );
37
38                  printf("----------------------------\n");
39
40                  // Affichage état 2
41                  printf(" SR2_f1 =    %d\n",SR2.f1 );
42                  printf(" SR2_f2 =    %d\n",SR2.f2 );
43                  printf(" SR2_f3 =    %d\n",SR2.f3 );
44                  printf(" SR2_f4 =    %d\n",SR2.f4 );
45
46                  printf("----------------------------\n");
47
48                  // Affichage état 3
49                  printf(" SR3_f1 =    %d\n",SR3.f1 );
50                  printf(" SR3_f2 =    %d\n",SR3.f2 );
51                  printf(" SR3_f3 =    %d\n",SR3.f3 );
52                  printf(" SR3_f4 =    %d\n",SR3.f4 );
53
54          }
55
56          /*
57          Résultats
```

```
58                SR1_f1 =   1
59                SR1_f2 =   0
60                SR1_f3 =   2
61                SR1_f4 =   10
62                ----------------------------
63                SR2_f1 =   1
64                SR2_f2 =   1
65                SR2_f3 =   3
66                SR2_f4 =   15
67                ----------------------------
68                SR3_f1 =   1
69                SR3_f2 =   1
70                SR3_f3 =   1
71                SR3_f4 =   13
72        */
```

Les états du registre 1 et 2 ont gardés les mêmes valeurs après l'exécution du programme, contrairement à l'état du registre 3. On constate que les valeurs résultantes ne dépassent pas la dynamique permise par la variable (Ex : de 0 à 15 (4 bits) pour le champ SRx_f4). Le compilateur prend uniquement le N bits moins significatifs de la variable après la conversion (tableau 2.2).

Nombre décimale	Présentation binaire	Taille(bits)	Valeur finale
99	0000000001100011	1	1(1)
55	0000000000110111	1	1(1)
2221	000000100010101101	2	1(01)
55	0000000000011011101	4	1101(13)

TABLE 2.2 – Champs de bits

Remarque : C compresse automatiquement les champs de bits pour que la longueur maximale du champ soit inférieure ou égale à la longueur du mot entier de l'ordinateur. Si cela est le cas, alors certains compilateurs peuvent permettre le chevauchement de la mémoire pour les champs tandis que d'autres stockent le champ suivant dans le mot suivant.

Les opérateurs :

— Opérateurs logiques :
    — && : ET logique
    — || : OU logique
    — ! : Négation logique

— Opérateurs de comparaison : ==, !=, <, <=, >, >=

— Opérateurs de décalage
    — « : Décalage logique à gauche sur N bits
    — » : Décalage logique à droite sur N bits

— Opérateurs d'addition :

— + : Addition
— - : Soustraction

— Opérateurs de multiplication :
    — * : Multiplication
    — / : Division
    — % : Modulo

— Opérateurs d'affection :
    — += : Ajouter à
    — -= : Diminuer de
    — *= : Multiplier par
    — /= : Diviser par
    — %= : Modulo

2.1.4 Les tableaux et chaines de caractères

2.1.4.1 Les tableaux

Au contraire des structures, les tableaux sont des variables qui contiennent plusieurs données du même type, stockées dans la mémoire d'une manière ordonnée. Un tableau est donc une suite de cases mémoire de même taille. La taille de chacune des cases est conditionnée par le type du tableau. Un tableau est caractérisé par le nombre d'élément, son nom et le type d'élément.

Note : Il ne faut pas confondre entre le nombre d'octets qu'occupe un élément dans la mémoire et la position de l'élément dans la mémoire. Le nombre d'octet est conditionné par le type du tableau tandis que le nombre d'élément dépend de la taille du tableau. On peut savoir le nombre d'octets de chaque type en utilisant la fonction sizeof(variable) :

```
1       #include <stdio.h>
2
3       char c_a='a';
4       int a_int=152;
5       long int a_long=12;
6
7       float a_f=10.1;
8       double a_d=45.0;
9       long double a_ld=4.0;
10
11      void main (void )
12      {
13              printf("Taille char         : %d \n",sizeof(c_a));
14              printf("Taille int          : %d \n",sizeof(a_int));
15              printf("Taille long int     : %d \n",sizeof(a_long));
16              printf("Taille float        : %d \n",sizeof(a_f));
17              printf("Taille double       : %d \n",sizeof(a_d));
18              printf("Taille long double  : %d \n",sizeof(a_ld));
19      }
20      /*
21      Résultats :
22              Taille char             : 1
```

```
23              Taille int             : 4
24              Taille long int        : 4
25              Taille float           : 4
26              Taille double          : 8
27              Taille long double     : 16
28      */
29
```

On distingue deux catégories des tableaux :

- Tableau unidimensionnel (figure 2.2) ;
- Tableau multidimensionnel (figure 2.3).

La syntaxe de déclaration d'un tableau :

Type_tab Nom_tab[Taille_tab] = [Initialisation1,Initialisation2...] ;

```
#define Taille 10
#define Taille1 10
#define Taille2 20
...
const unsigned int N=3:
..
// Tableaux 1D
int Tab1[Taille];
int Tab2[Taille+10];
int Tab3[10];
int Tab4[3]={10, 45,-78};

// Tableaux xD
long unsigned int Tab5[Taille1][Taille2];
int Tab6[N][N]={{10,20,30},{100,20,30},{10,200,30}};
long unsigned int Tab7[Taille1][Taille2]...[TailleN];
...
```

L'accès aux éléments d'un tableau :

Un élément est accessible en indexant le nom du tableau. Ceci, est réalisable en plaçant l'indice de l'élément entre crochets [] après le nom du tableau. Par exemple :

```
1          #include <stdio.h>
2          #define N 3
3          #define M 4
4
5          int tab1[N];
6          int tab2[M]={0};
7          float mat1[N][N];
8
9          int val1=100, val2=300;
10         float val3=25.2;
11
12         void main (void )
13         {
14                 tab1[0]= val1;
15                 tab1[N-1]=154;
16
```

```
17          tab2[0]= val2;
18          tab2[M-1]= tab1[0];
19
20          mat1[0][0]=(float)tab2[0];
21          mat1[0][0]=tab2[M-1];
22          mat1[N-1][N-1]=val3;
23      }
24
```

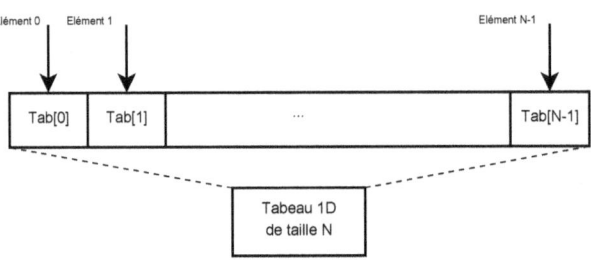

FIGURE 2.2 – Tableau 1D

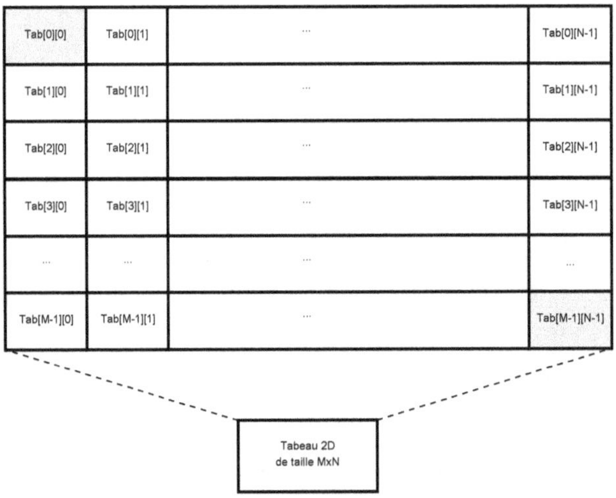

FIGURE 2.3 – Tableau 2D

2.1.4.2 Les tableaux et les structures

La structure est utilisée pour stocker les informations d'un objet particulier. Si nous avons besoin de stocker plusieurs objets, on fait recours au tableau de structures. L'exemple ci-dessous, montre une image RBG de 9 pixels (3x3) sur 8 bits (unsigned char).

```
1          #include <stdio.h>
2          #define M 3
3          #define N 3
4
5          // Définition de la structure
6          struct Pixel
```

```
7          {
8                  unsigned char R;
9                  unsigned char G;
10                 unsigned char B;
11         }P1;
12
13         // Déclaration d'un tableau de structures
14         struct Pixel Img1[M*N];
15         struct Pixel Img2[M][N];
16
17         void main (void )
18         {
19                 // Initialisation du pixel 1 de l'image 1
20                 Img1[0].R=0;
21                 Img1[0].G=0;
22                 Img1[0].B=0;
23
24                 // Initialisation du pixel 2 de l'image 1
25                 Img1[1].R=12;
26                 Img1[1].G=0;
27                 Img1[1].B=12;
28
29                 /* --------------------------------------- */
30
31                 // Initialisation du pixel 1 de l'image 1
32                 Img2[0][0].R=0;
33                 Img2[0][0].G=0;
34                 Img2[0][0].B=0;
35
36                 // Initialisation du pixel 2 de l'image 2
37                 Img2[0][1].R=12;
38                 Img2[0][1].G=0;
39                 Img2[0][1].B=12;
40
41
42
43                 // Affichage du Pixel 2 de l'image 1
44                 printf(" P1_Im1_R =  %d\n",Img1[1].R );
45                 printf(" P1_Im1_G =  %d\n",Img1[1].G );
46                 printf(" P1_Im1_B =  %d\n",Img1[1].B );
47
48                 printf("----------------------------\n");
49
50                 // Affichage du Pixel 2 de l'image 2
51                 printf(" P1_Im2_R =  %d\n",Img2[0][1].R );
52                 printf(" P1_Im2_G =  %d\n",Img2[0][1].G );
53                 printf(" P1_Im2_B =  %d\n",Img2[0][1].B );
54
55                 printf("----------------------------\n");
56
57         }
58
59         /*
60         Résultats
61                 P1_Im1_R =  12
```

```
62              P1_Im1_G = 0
63              P1_Im1_B = 12
64              ----------------------------
65              P1_Im2_R = 12
66              P1_Im2_G = 0
67              P1_Im2_B = 12
68              ----------------------------
69      */
```

2.1.4.3 Les chaînes de caractères

Il n'existe pas de type chaîne ou string en langage C. Une chaîne de caractères est traitée comme un tableau unidimensionnel terminés par le caractère nul ' 0'. Il existe par contre des notations particulières et plusieurs fonctions pour le traitement de tableaux de caractères.

Dans l'exemple suivant, vous avez la déclaration et l'initialisation d'une chaîne constituée du mot « Bonjour ». Pour maintenir le caractère nul à la fin du tableau, la taille du tableau contient un élément (le caractère nul) de plus par rapport au mot « Bonjour ». En total 7+1 éléments.

```
char Bonj[8] = {'B', 'o', 'n', 'j', 'o', 'u', 'r', '\0'};
char Bonj[] = "Bonjour";
```

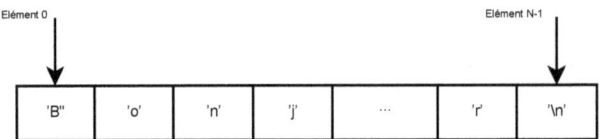

FIGURE 2.4 – Présentation d'une chaine de caractère

Un exemple :

```
1       #include <stdio.h>
2       #define N 10
3
4       char Couleur[]="Bleu";
5       char Style[N]="Arial";
6
7       void main (void )
8       {
9               // Affichage de la chaine 1
10              printf(" Couleur[0] = %c\n",Couleur[0] );
11              printf(" Couleur[1] = %c\n",Couleur[1] );
12              printf(" Couleur[2] = %c\n",Couleur[2] );
13
14              printf("----------------------------\n");
15
16              // Affichage de la chaine 2
17              printf(" Style[0] = %c\n",Style[0] );
18              printf(" Style[1] = %c\n",Style[1] );
19              printf(" Style[N-1] = %c\n",Style[N-1] );
20      }
21
```

```
22      /*
23      Résultats
24              Couleur[0] =  B
25              Couleur[1] =  l
26              Couleur[2] =  e
27              -----------------------------
28              Style[0] =  A
29              Style[1] =  r
30              Style[N-1] =
31      */
```

Les fonctions utiles de gestion des chaines de caractère :

1. **strcpy (s1, s2)** : Copie la chaîne s2 dans la chaîne s1.
2. **strcat (s1, s2)** : Concaténer s2 sur l'extrémité de la chaîne s1.
3. **strlen (s1)** : Renvoie la longueur de la chaîne s1.
4. **strcmp (s1, s2)** : Retourne 0 si S1 et S2 sont les mêmes, une valeur inférieur à 0 si s1 <s2 et une valeur supérieur à 0 si s1> s2.

2.1.5 Les instructions itératives et conditionnelles en C

On les appelle aussi des instructions de contrôle. C'est toute instruction qui permet de contrôler le fonctionnement d'un programme. Parmi les instructions de contrôle, on distingue les instructions de branchement (branchement conditionnel et branchement multiple) et les boucles. Les instructions de branchement permettent de déterminer quelles instructions seront exécutées et dans quel ordre. Les boucles permettent de répéter une série d'instructions tant qu'une certaine condition n'est pas vérifiée.

Les instructions de branchement :

— **IF...ELSE**
— **SWITCH**

Les instructions de boucles :

— **FOR**
— **WHILE**
— **DO... WHILE**

2.1.5.1 IF...ELSE

La fonction IF permet d'exécuter une ou plusieurs instructions quand une condition est vraie, sinon elle exécute d'autres instructions. Le nombres des conditions est illimité.

La syntaxe de l'instruction IF :

```
IF (Condition 1)
{
inst_11;
inst_12;
...
```

```
inst_1n;
}
ELSE IF(Condition 2)
{
inst_21;
inst_22;
...
inst_2n;
}
...
ELSE IF(Condition n)
{
inst_n1;
inst_n2;
...
inst_nn;
}
ELSE
{
inst_else_1;
inst_else_2;
...
inst_else_n;
}
```

OU

```
IF (Condition 1)
{
inst_11;
inst_12;
...
inst_1n;
}
```

Exemple 1 : La commande d'une LED par interrupteur

```
1          #include <stdio.h>
2
3          unsigned short int Interr=0; // Entrée
4          unsigned short int Led=0;    // Sortie
5
6          void main (void )
7          {
8                  Interr=0;
9                  if(Interr!=0) Led=1;
10                 else Led=0;
11                 printf("Interrupteur = %d, LED = %d \n",Interr,Led );
12
13                 /*--------------------*/
14
15                 Interr=1;
16                 if(Interr!=0) Led=1;
17                 else Led=0;
18                 printf("Interrupteur = %d, LED = %d \n",Interr,Led );
19
20         }
21
```

```
22      /*
23      Résultats
24              Interrupteur = 0, LED = 0
25              Interrupteur = 1, LED = 1
26      */
```

Exemple 2 : La porte logique AND à 3 entrées

```
1       #include <stdio.h>
2
3       unsigned short int A=0,B=0,C=0; // Entrées
4       unsigned short int S=0;                    // Sortie
5
6       void main (void )
7       {
8               A=B=C=0;
9               if(A && B && C) S=1;
10              else S=0;
11              printf("A= %d , B= %d , C= %d => S= %d \n",A, B, C,S );
12
13              /*------------------*/
14
15              A=B=0;
16              C=1;
17              if(A && B && C) S=1;
18              else S=0;
19              printf("A= %d , B= %d , C= %d => S= %d \n",A, B, C,S );
20
21              /*------------------*/
22
23              A=B=C=1;
24              if(A && B && C) S=1;
25              else S=0;
26              printf("A= %d , B= %d , C= %d => S= %d \n",A, B, C,S );
27
28      }
29
30      /*
31      Résultats
32              A= 0 , B= 0 , C= 0 => S= 0
33              A= 0 , B= 0 , C= 1 => S= 0
34              A= 1 , B= 1 , C= 1 => S= 1
35      */
```

Exemple 2 : Le décodeur

Le système est décrit par le tableau de vérité d'un décodeur (3.1). Il est constitué de trois entrées A, B et C et une sortie S. Le programme ci-dessous présente la description en langage C du tableau :

```
1       #include <stdio.h>
2
3       unsigned short int A=0,B=0,C=0; // Entrées
4       unsigned short int S=0; // Sortie
5
6       void main (void )
7       {
```

A	B	C	S
0	0	0	1
0	0	1	2
0	1	0	2
0	1	1	3
1	0	0	4
1	0	1	8
1	1	0	20
1	1	1	10
x	x	x	0

TABLE 2.3 – La table de vérité du décodeur

```
8            if(A == 0 && B == 0 && C == 0 )
9                    S= 1;
10           else if(A == 0 && B == 0 && C == 1 )
11                   S= 2;
12           else if(A == 0 && B == 1 && C == 0 )
13                   S= 2;
14           else if(A == 0 && B == 1 && C == 1 )
15                   S= 3;
16           else if(A == 1 && B == 0 && C == 0 )
17                   S= 4;
18           else if(A == 1 && B == 0 && C == 1 )
19                   S= 8;
20           else if(A == 1 && B == 1 && C == 0 )
21                   S= 20;
22           else if(A == 1 && B == 1 && C == 1 )
23                   S= 10;
24           else
25                   S= 0;
26
27           printf("A= %d , B= %d , C= %d => S= %d \n",A, B, C,S );
28    }
29
```

2.1.5.2 SWITCH

L'instruction SWITCH est la généralisation de l'instruction IF. Contrairement à cette dernière, elle permet de tester plusieurs conditions en même temps et d'une façon compacte ainsi que d'affecter une ou plusieurs instructions pour chaque condition.

La syntaxe de l'instruction SWITCH :

```
switch (Expression )
{
case Valeur_1 :
{
inst_11;
...
inst_1n;
break;
}
```

```
case Valeur_2 :
{
inst_21;
...
break;
}
...
case Valeur_n :
{
inst_n1;
...
inst_nn;
break;
}
default:
{
inst_def_1;
...
inst_def_n;
break;
}
}
```

On reprend l'exemple du décodeur (3.1) avec l'instruction switch :

```
1          #include <stdio.h>
2
3          unsigned short int A=0,B=0,C=0; // Entrées
4          unsigned short int S=0;                    // Sortie
5          unsigned short int SwitValue=0;
6
7          void main (void )
8          {
9                  A=B=C=1;
10                 SwitValue = C + 2*B + 4*A;
11                 switch(SwitValue)
12                 {
13                         case 0 :
14                                 S= 1; break;
15                         case 1 :
16                                 S= 2; break;
17                         case 2 :
18                                 S= 2; break;
19                         case 3 :
20                                 S= 3; break;
21                         case 4 :
22                                 S= 4; break;
23                         case 5 :
24                                 S= 8; break;
25                         case 6 :
26                                 S= 20; break;
27                         case 7 :
28                                 S= 10; break;
29                         default :
30                                 S= 0; break;
31                 }
```

```
32
33                  printf("A= %d , B= %d , C= %d => S= %d \n",A, B, C,S );
34        }
35        /*
36        Résultat :
37                A= 1 , B= 1 , C= 1 => S= 10
38        */
```

La fonction Break oblige la sortie de l'instruction switch. Dans le cas d'absence de Break, le compilateur exécute tous les tests. Donc, plus de temps d'exécution.

2.1.5.3 FOR

L'instruction for est une instruction de boucle qui permet de répéter une série d'instructions tant qu'une certaine condition n'est pas vérifiée. La boucle for possède un compteur d'indice, un pas d'incrémentation, une valeur initiale et finale de l'indice. La boucle se termine quand le compteur arrive à la valeur finale du compteur. On peut mettre une condition qui est toujours pas vraie et dans ce cas, on parle d'une boucle infinie qui se répète infiniment.

La syntaxe de la boucle for :

```
for (condition_init ; condition_fin; incrémentation)
{
inst_1;
...
inst_n;
}
```

Exemple 1 : L'initialisation des éléments d'un tableau

```
1         #include <stdio.h>
2         #define taille 13
3
4         int i;
5         int tab[taille];
6
7         void main (void )
8         {
9                 // Initialisation des éléments pairs
10                for(i=0;i<taille;i+=2)
11                        tab[i]= 33;
12                // Initialisation des éléments impairs
13                for(i=1;i<taille;i+=2)
14                        tab[i]= 99;
15
16                // Affichage des éléments
17                for(i=0;i<taille;i++)
18                        printf("%d ",tab[i]);
19                printf("\n");
20                // Affichage de l'indice
21                for(i=0;i<taille;i++)
22                        printf("%d ",i);
23
24        }
25        /*
```

```
26      Résultat :
27              33 99 33 99 33 99 33 99 33 99 33 99 33
28              0 1 2 3 4 5 6 7 8 9 10 11 12
29      */
```

Exemple 1 : Le calcul de la valeur maximale, minimale et la moyenne d'un vecteur

```
1       #include <stdio.h>
2       #define taille 13
3
4       int i;
5       int tab[taille]={-1,1,2,45,784,1,-32,45,52,45,54,9,-478};
6       int max_val, min_val;
7       float moyenne =0.0;
8
9       void main (void )
10      {
11              // Initialisation
12              max_val =min_val=tab[0];
13
14              // Calcul de la valeur maximale
15              for(i=0;i<taille;i++)
16              {
17                      if(max_val < tab[i]) max_val = tab[i];
18                      if(tab[i]   < min_val) min_val = tab[i];
19
20                      moyenne+=(float)tab[i];
21              }
22
23              moyenne/=taille; // moyenne=moyenne/taille;
24
25              // Affichage
26              printf("La valeur maximale egale a %d\n", max_val);
27              printf("La valeur minimale egale a %d\n", min_val);
28              printf("La valeur moyenne  egale a %f\n", moyenne);
29      }
30      /*
31      Résultat :
32              La valeur maximale égale à 784
33              La valeur minimale égale à -478
34              La valeur moyenne   égale à 40.538460
35      */
```

Exemple 2 : Le comparateur de seuil

```
1       #include <stdio.h>
2       #define taille 20
3
4       int i;
5       int In[taille]={1,2,-1,2,4,-2,0,-2,-2,4,4,4,-1,5,-2,5,5,5,5,-2};
6       int Out[taille]={0}; // Initialisation de tous les éléments à 0
7       int seuil =0;
8
9       void main (void )
10      {
11              /*--------------- Seuil = 0 ---------------*/
```

```
12              for(i=0;i<taille;i++)
13              {
14                      if(In[i]>=seuil) Out[i] = 5;
15                      else Out[i] = 0;
16              }
17              printf("------ Seuil = 0 ------ \n");
18              for(i=0;i<taille;i++) printf("%d ",In[i]);
19              printf("\n");
20              for(i=0;i<taille;i++) printf("%d ",Out[i]);
21
22
23              /*--------------- Seuil = 3 ---------------*/
24              seuil =3;
25              for(i=0;i<taille;i++)
26              {
27                      if(In[i]>=seuil) Out[i] = 5;
28                      else Out[i] = 0;
29              }
30              printf("\n------ Seuil = 3 ------ \n");
31              for(i=0;i<taille;i++) printf("%d ",In[i]);
32              printf("\n");
33              for(i=0;i<taille;i++) printf("%d ",Out[i]);
34
35      }
36      /*
37      Résultats :
38              ------ Seuil = 0 ------
39              In : 1 2 -1 2 4 -2 0 -2 -2 4 4 4 -1 5 -2 5 5 5 5 -2
40              Out: 5 5 0 5 5 0 5 0 0 5 5 5 0 5 0 5 5 5 5 0
41              ------ Seuil = 3 ------
42              In : 1 2 -1 2 4 -2 0 -2 -2 4 4 4 -1 5 -2 5 5 5 5 -2
43              Out: 0 0 0 0 5 0 0 0 0 5 5 5 0 5 0 5 5 5 5 0
44      */
```

2.1.5.4 WHILE

Une boucle while dans le langage C, exécute une ou plusieurs instructions tant que la condition est vraie (figure 2.5).

La syntaxe de la boucle while :

```
while (condition_est_vraie)
{
        inst_1;
        ...
        inst_n;
}
```

On reprend le deuxième exemple cité précédemment (Comparateur de seuil) pour la même fonctionnalité en utilisation while à la place de for.

La solution 1 :

```
1               #include <stdio.h>
2               #define taille 20
3
```

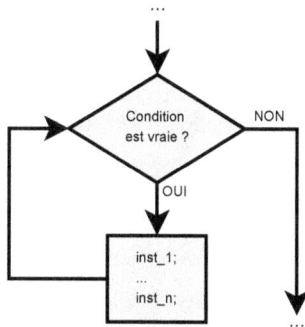

FIGURE 2.5 – La structure d'une boucle while

```
4        int i;
5        int In[taille]={1,2,-1,2,4,-2,0,-2,-2,4,4,4,-1,5,-2,5,5,5,5,-2};
6        int Out[taille]={0}; // Initialisation de tous les élements à 0
7        int seuil =0;
8
9        void main (void )
10       {
11               /*--------------- Seuil = 0 ----------------*/
12               while(1)
13               {
14                       if(In[i]>=seuil) Out[i] = 5;
15                       else Out[i] = 0;
16                       // Incrémentation de l'indice
17                       i++;
18                       // Condition de la fin de boucle
19                       if(i==taille) break;
20               }
21               printf("------ Seuil = 0 ------ \n");
22               for(i=0;i<taille;i++) printf("%d ",In[i]);
23               printf("\n");
24               for(i=0;i<taille;i++) printf("%d ",Out[i]);
25
26
27               /*--------------- Seuil = 3 ----------------*/
28               seuil =3;
29               i=0;
30               while(1)
31               {
32                       if(In[i]>=seuil) Out[i] = 5;
33                       else Out[i] = 0;
34                       i++;
35                       if(i==taille) break;
36               }
37               printf("\n------ Seuil = 3 ------ \n");
38               for(i=0;i<taille;i++) printf("%d ",In[i]);
39               printf("\n");
40               for(i=0;i<taille;i++) printf("%d ",Out[i]);
41
42       }
```

```
43        /*
44        Résultats :
45                ------ Seuil = 0 ------
46                In : 1 2 -1 2 4 -2 0 -2 -2 4 4 4 -1 5 -2 5 5 5 5 -2
47                Out: 5 5 0 5 5 0 5 0 0 5 5 5 0 5 0 5 5 5 5 0
48                ------ Seuil = 3 ------
49                In : 1 2 -1 2 4 -2 0 -2 -2 4 4 4 -1 5 -2 5 5 5 5 -2
50                Out: 0 0 0 0 5 0 0 0 0 5 5 5 0 5 0 5 5 5 5 0
51        */
```

La solution 2 :

```
1         ...
2         while(i!=taille)
3         {
4                 if(In[i]>=seuil) Out[i] = 5;
5                 else Out[i] = 0;
6                 i++;
7         }
8         ...
9         seuil =3;
10        i=0;
11        while(i!=taille)
12        {
13                if(In[i]>=seuil) Out[i] = 5;
14                else Out[i] = 0;
15                i++;
16        }
17        ...
```

La solution 3 :

```
1         ...
2         int condition=0;
3         ...
4         while(!condition)
5         {
6                 if(In[i]>=seuil) Out[i] = 5;
7                 else Out[i] = 0;
8                 i++;
9                 if (i == taille)  condition=1;
10        }
11        ...
12        seuil =3;
13        i=0;
14        condition=0;
15        while(!condition)
16        {
17                if(In[i]>=seuil) Out[i] = 5;
18                else Out[i] = 0;
19                i++;
20                if (i == taille)  condition=1;
21        }
22        ...
```

2.1.5.5 DO... WHILE

Contrairement aux boucles for et while, qui testent la condition de boucle au début de la boucle, la boucle do...while vérifie son état en bas de la boucle.

Une boucle do...while est semblable à la boucle while, sauf que la boucle doit être exécutée au moins une fois. La boucle while...do exécute une ou plusieurs instructions tant que la condition est vraie (voir la figure 2.6).

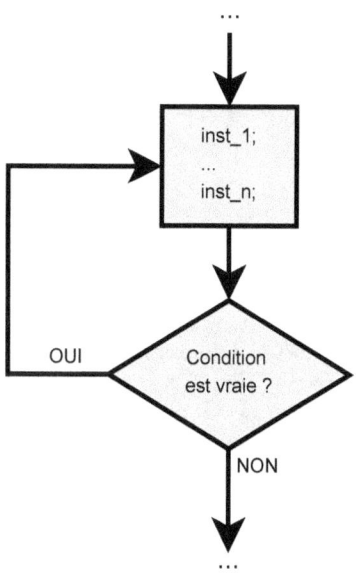

FIGURE 2.6 – La structure d'une boucle do...while

La syntaxe de la boucle while :

```
do
{
inst_1;
...
inst_n;
}while(codndition);
```

Un exemple :

```
1          #include <stdio.h>
2          #define taille 20
3
4          int i;
5          int In[taille]={1,2,-1,2,4,-2,0,-2,-2,4,4,4,-1,5,-2,5,5,5,5,-2};
6          int Out[taille]={0}; // Initialisation de tous les élements à 0
7          int seuil =0;
8          int condition=0;
9
10         void main (void )
11         {
12                  /*--------------- Seuil = 0 ---------------*/
13                  do
```

```
14                 {
15                         if(In[i]>=seuil) Out[i] = 5;
16                         else Out[i] = 0;
17                         i++;
18                         if (i == taille)  condition=1;
19                 }while(!condition);
20                 printf("------ Seuil = 0 ------ \n");
21                 for(i=0;i<taille;i++) printf("%d ",In[i]);
22                 printf("\n");
23                 for(i=0;i<taille;i++) printf("%d ",Out[i]);
24
25                 /*--------------- Seuil = 3 ---------------*/
26                 seuil =3;
27                 i=0;
28                 condition=0;
29                 do
30                 {
31                         if(In[i]>=seuil) Out[i] = 5;
32                         else Out[i] = 0;
33                         i++;
34                         if (i == taille)  condition=1;
35                 }         while(!condition);
36                 printf("\n------ Seuil = 3 ------ \n");
37                 for(i=0;i<taille;i++) printf("%d ",In[i]);
38                 printf("\n");
39                 for(i=0;i<taille;i++) printf("%d ",Out[i]);
40
41         }
42         /*
43         Résultats :
44                 ------ Seuil = 0 ------
45                 In : 1 2 -1 2 4 -2 0 -2 -2 4 4 4 -1 5 -2 5 5 5 5 -2
46                 Out: 5 5 0 5 5 0 5 0 0 5 5 5 0 5 0 5 5 5 5 0
47                 ------ Seuil = 3 ------
48                 In : 1 2 -1 2 4 -2 0 -2 -2 4 4 4 -1 5 -2 5 5 5 5 -2
49                 Out: 0 0 0 0 5 0 0 0 0 5 5 5 0 5 0 5 5 5 5 0
50         */
```

2.1.6 Les fonctions

2.1.6.1 Introduction

Comme dans la plupart des langages de programmation, en langage C, on peut découper un programme en plusieurs sous-programmes ou fonctions. Une fonction est un ensemble d'instructions qui permettent d'effectuer une tache particulière et répétitive. Les fonctions sont un moyen efficace pour rendre le code modulaire et lisible.

En langage C, le programme est constitué au minimum d'une seule fonction, c'est la fonction principale (main). Cette dernière, peut éventuellement, appeler une ou plusieurs fonctions secondaires. De même, chaque fonction secondaire peut appeler d'autres fonctions secondaires ou s'appeler elle-même (fonction récursive).

Une fonction est définie par sont nom, les paramètres d'entrée et de sortie (figure 2.7). Le but principal d'une fonction est d'exécuter un ensemble de tâches en fonction des

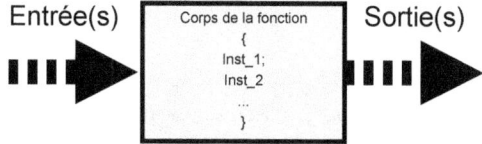

FIGURE 2.7 – La description d'une fonction en C

paramètres d'entrée pour générer par la suite un résultat. Une fonction peut ne pas avoir de paramètres d'entrée. Dans ce cas, le résultat reste toujours le même et on peut citer deux exemples : une fonction d'affichage d'un texte prédéfini par le programmeur ou une fonction d'initialisation d'un circuit électronique...etc

2.1.6.2 La syntaxe d'une fonction

La syntaxe de définition d'une fonction :

```
type_param_sortie nom_fonct(params_entrée)
{
Inst_1;
Inst_2;
...

return param_sortie_1;
...
return param_sortie_n;
...
}
```

Les paramètres de définition d'une fonction :

- **Type du paramètre de la sortie** : Type de la variable de retour de la fonction (Ex : int, long, float, double, ...) ;
- **Nom de la fonction** : Son nom pour pouvoir l'appeler (Ex : add, sous, mul, fft, fir, init,...) ;
- **Les paramètres d'entrée** : Les paramètres dont la fonction a besoin pour effectuer une tâche et le type de chacun de ses paramètres doit être défini. Dans le cas d'une fonction sans paramètres d'entrée, il faut préciser le mot clé « void ». On verra dans la suite de cette partie, les exemples des différents types d'une fonction.

Exemple 1 : Une fonction avec paramètres d'Entrée/Sortie :

```
int somme(int a, int b, int c)
{
int somme_val=0;
somme_val = a+b+c;

return somme_val;
}
```

Exemple 2 : Une fonction avec uniquement les paramètres d'Entrée :

```
void affiche(int a, int b)
{
printf("a = %d",a);
```

```
printf("b = %d",b);
return 0;
}
```

Exemple 3 : Une fonction sans paramètres d'Entrée/Sortie :

```
void affiche_0(void)
{
printf("Fonction sans parametres d'E/S \n");
return 0;
}
```

La syntaxe d'appel d'une fonction :

Après avoir défini une fonction, il faut bien s'en servir. Pour appeler une fonction, il faut lui passer les paramètres d'entrée et récupérer la valeur de retour via une variable externe à la fonction. Ci-dessous, la syntaxe et un exemple contenant les différents modes d'appel d'une fonction en langage C :

$$\text{var\_sortie} = \text{nom\_fonct (var1, var2,...)};$$

```
1       #include <stdio.h>
2
3       int a, b, c, s;
4
5       int somme3(int aa, int bb, int cc)
6       {
7               int somme_val=0;
8               // Appel multiple
9               // Equivalent à somme3(a,b,c)
10              somme_val = somme2(aa,somme2(bb,cc));
11
12              return somme_val;
13      }
14
15      int somme2(int aa, int bb)
16      {
17              int somme_val=0;
18              somme_val = aa+bb;
19
20              return somme_val;
21      }
22
23      void affiche_0(void)
24      {
25              printf("Fonction sans parametres d'E/S \n");
26      }
27
28      void affiche_1(int aa, int bb,int cc)
29      {
30              printf("a = %d, b = %d, c = %d \n",aa,bb,cc);
31      }
32
33      void affiche_2(int v)
34      {
```

```
35                    printf("La variable vaut : %d \n",v);
36            }
37
38            void set_var(int aa, int bb, int cc)
39            {
40                    a=aa;
41                    b=bb;
42                    c=cc;
43            }
44
45            void clear_var(int aa, int bb, int cc)
46            {
47                    a=0;
48                    b=0;
49                    c=0;
50            }
51
52            void main (void )
53            {
54                    // Affichage des variables
55                    affiche_1(a,b,c);
56                    // Calcul de la somme des 3 variables
57                    s=somme3(a,b,c);
58                    // Affichage du résultat
59                    affiche_2(s);
60
61                    s=somme3(10,10,10);
62                    affiche_2(s);
63
64                    s=somme2(somme2(10,10),10);
65                    affiche_2(s);
66
67                    // Avant la mise à jour des variables
68                    affiche_1(a,b,c);
69                    // Initialisation des variables
70                    set_var(10,100,1000);
71                    // Après la mise à jour
72                    affiche_1(a,b,c);
73                    // Mise à 0 des variables
74                    clear_var(a,b,c);
75                    // Après la mise à zéro
76                    affiche_1(a,b,c);
77            }
78            /*
79            Résultats :
80                    a = 0, b = 0, c = 0
81                    La variable vaut : 0
82                    La variable vaut : 30
83                    La variable vaut : 30
84                    a = 0, b = 0, c = 0
85                    a = 10, b = 100, c = 1000
86                    a = 0, b = 0, c = 0 5 0
87            */
88
```

L'exemple ci-dessus, met en évidence la notion d'un appel multiple (fonction somme3) et la portée des variables globales (fonctions : set_var et clear_var). Les deux fonctions permettent d'agir sur les variables a, b, c et s. Ces dernières, ont été déclarées globales, donc elles sont lisibles par toutes les fonctions déclarées dans le même fichier.

L'exemple suivant, illustre comment déclarer une fonction avec plusieurs paramètres de retour en exploitant la portée d'une variable globale!

```
1       #include <stdio.h>
2
3       // Déclaration des variables globales
4       float out_add=0.0, out_sous=0.0,  out_div=0.0,  out_mul=0.0;
5       float a, b;
6
7       void SetValue(float in_a, float in_b)
8       {
9               a=in_a;
10              b=in_b;
11      }
12      void MultiOp( float in_add, float in_sous,
12      float in_div, int in_mul )
13      {
14              // 4 Paramètres de retour implicites
15              out_add = a+b + in_add ;
16              out_sous= a-b  + in_sous;
17              out_div = a/b  + in_div;
18              out_mul = a*b  + in_mul;
19      }
20
21      void affiche4(void)
22      {
23              printf("Add= %f, Sous= %f, Div= %f, Mul=
23              %f\n",out_add,out_sous,out_div,out_mul);
24      }
25      void main (void )
26      {
27              // Initialisation
28              SetValue(1.0,1.0);
29              out_add=0.0; out_sous=0.0;  out_div=0.0; out_mul=0.0;
30              // Affichage avant le calcul
31              affiche4();
32              // Calcul
33              MultiOp(0,0, 0,0);
34              // Affichage après calcul
35              affiche4();
36              /*****************************/
37              SetValue(10.0,10.0);
38              out_add=0.0; out_sous=0.0;  out_div=0.0; out_mul=0.0;
39              affiche4();
40              MultiOp(out_add,out_sous, out_div,out_mul);
41              affiche4();
42              /*****************************/
43              SetValue(10.0,10.0);
44              out_add=1.0; out_sous=1.0;  out_div=1.0; out_mul=1.0;
45              affiche4();
```

```
46                    // Les memes variables pour l'E/S (INOUT) !
47                    MultiOp(out_add,out_sous, out_div,out_mul);
48                    affiche4();
49        }
50
51        /*
52        Résultats :
53                Add= 0.000000, Sous= 0.000000, Div= 0.000000, Mul= 0.000000
54                Add= 2.000000, Sous= 0.000000, Div= 1.000000, Mul= 1.000000
55
56                Add= 0.000000, Sous= 0.000000, Div= 0.000000, Mul= 0.000000
57                Add= 20.000000, Sous= 0.000000, Div= 1.000000, Mul= 100.000000
58
59                Add= 1.000000, Sous= 1.000000, Div= 1.000000, Mul= 1.000000
60                Add= 21.000000, Sous= 1.000000, Div= 2.000000, Mul= 101.000000
61        */
62
```

Le langage C ne permet pas aux fonctions de retourner plusieurs objets. Il existe une solution qui consiste à passer l'adresse des objets à modifier en paramètre (l'adresse de l'objet). Une autre solution consiste à renvoyer une structure ou un pointeur sur une structure qui contient l'ensemble des valeurs ou utiliser des variables globales comme il est illustré dans l'exemple cité précédemment.

La partie suivante sera entièrement consacrées à la notion des pointeurs (pointeur d'une variable, d'un tableau ou une d'une fonction,...) suivie d'une série des exemples pratiques en électronique en utilisant le langage C embarqué.

2.1.6.3 La notion d'une fonction récursive en C

Une fonction récursive est une fonction qui s'appelle elle même et c'est un moyen rapide pour résoudre certains problèmes algorithmiques. Nous allons voir en détail un exemple pratique de cette fonction.

Prenons un exemple simple : le calcul de la somme de n. On considère la somme de n comme étant la somme à calculer, nous aurons alors : somme(n)= 1+2+3+...+n dans cette situation.

La fonction somme récursive :

```
int somme(int nn)
{
int val_somme;
if (nn <0 || nn==0 ) return 0;
else
{
val_somme=nn+somme(nn-1);
j++;
return val_somme;
}
}
```

Le programme de test, ci-après, montre l'utilisation de la fonction récursive somme (). Il permet de calculer et afficher un résultat pour chaque itération. La valeur finale correspond au résultat final de la somme. Le tableau est initialisé avec des valeurs dont on veut calculer la somme qui variée de 0 à ((taille-1)*gain + offset, gain =1 et offset = 0).

La fonction somme(n) permet de calculer la somme de 0 à n (Ex : Pour n =3, somme(3)=3+2+1) est égal à n + (n-1) + ((n-1)-1) + ... + 2 + 1.

Exemple de test de la fonction récursive :

```
1      #include <stdio.h>
2      #define taille 10
3      #define offset 0
4      #define gain 1
5
6      int tab[taille];
7      int i;
8      int j=0;
9      int sommee=0;
10     int somme(int nn)
11     {
12             int val_somme;
13             if (nn <0) return 0;
14         else if (nn==0) return 0 ;
15             else
16             {
17                     val_somme=nn+somme(nn-1);
18                     printf("nn= %d, itter %d \n",val_somme,j+1);
19                     j++;
20                     return val_somme;
21             }
22
23     }
24     void main (void )
25     {
26             for (i=0;i<taille;i++) tab[i]=gain*i+offset;
27             for (i=0;i<taille;i++)
28             {
29                     sommee =somme(tab[i]);
30                     printf("%d--%d\n", gain*i+offset, sommee);
31                     j=0;
32             }
33
34     }
35
36     /*
37     Résultats :
38             0--0
39             nn= 1, itter 1
40             1--1
41             nn= 1, itter 1
42             nn= 3, itter 2
43             2--3
44             nn= 1, itter 1
45             nn= 3, itter 2
46             nn= 6, itter 3
47             3--6
48             nn= 1, itter 1
```

```
49              nn= 3, itter 2
50              nn= 6, itter 3
51              nn= 10, itter 4
52              4--10
53              nn= 1, itter 1
54              nn= 3, itter 2
55              nn= 6, itter 3
56              nn= 10, itter 4
57              nn= 15, itter 5
58              5--15
59              nn= 1, itter 1
60              nn= 3, itter 2
61              nn= 6, itter 3
62              nn= 10, itter 4
63              nn= 15, itter 5
64              nn= 21, itter 6
65              6--21
66              nn= 1, itter 1
67              nn= 3, itter 2
68              nn= 6, itter 3
69              nn= 10, itter 4
70              nn= 15, itter 5
71              nn= 21, itter 6
72              nn= 28, itter 7
73              7--28
74              nn= 1, itter 1
75              nn= 3, itter 2
76              nn= 6, itter 3
77              nn= 10, itter 4
78              nn= 15, itter 5
79              nn= 21, itter 6
80              nn= 28, itter 7
81              nn= 36, itter 8
82              8--36
83              nn= 1, itter 1
84              nn= 3, itter 2
85              nn= 6, itter 3
86              nn= 10, itter 4
87              nn= 15, itter 5
88              nn= 21, itter 6
89              nn= 28, itter 7
90              nn= 36, itter 8
91              nn= 45, itter 9
92              9--45
93      */
94
```

Le calcul du factoriel par une fonction récursive :

Ce programme prend un tableau des valeurs variantes de 0 à n-1 de type entier. Il calcule le factoriel correspondant pour chaque valeur d'une façon récursive et affiche le résultat.

```
1       #include <stdio.h>
2       #define taille 10
3
```

```
4        int tab[taille];
5        int i;
6        int fact=0;
7
8        int factoriel (int n)
9        {
10          if (n < 0) return 0;
11          else if (n == 1 || n == 0) return 1;
12          else return n*factoriel (n - 1);
13       }
14       void main (void )
15       {
16               for (i=0;i<taille;i++) tab[i]=i;
17               for (i=0;i<taille;i++)
18               {
19                       fact =factoriel(tab[i]);
20                       printf("n = %d, n! = %d\n",i,fact);
21               }
22
23       }
24
25       /*
26       Résultats :
27               n = 0, n! = 1
28               n = 1, n! = 1
29               n = 2, n! = 2
30               n = 3, n! = 6
31               n = 4, n! = 24
32               n = 5, n! = 120
33               n = 6, n! = 720
34               n = 7, n! = 5040
35               n = 8, n! = 40320
36               n = 9, n! = 362880
37       */
38
```

2.1.7 Les pointeurs en C

2.1.7.1 Introduction

La mémoire physique est vue comme une suite finie d'octets. Chaque variable est définie par son nom, type de sa valeur et son adresse dans la mémoire. Un pointeur est une variable contenant l'adresse de la case mémoire d'une autre variable. Une valeur de type pointeur, est une adresse mémoire. Donc, un pointeur est un espace mémoire pouvant contenir une adresse(figure 2.8).

La déclaration d'un pointeur

Un pointeur en C est caractérisé par le type de la variable pointée (en relation directe avec le nombre d'octet alloué par la variable) et de son nom. Un pointeur peut être d'un type quelconque. La déclaration se fait de la façon suivante :

$$\textbf{Type\_point} * \textbf{Nom\_point} ;$$

Exemples :

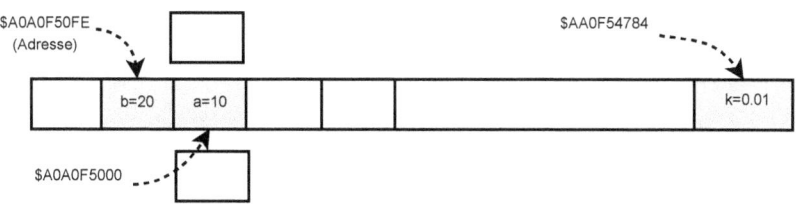

FIGURE 2.8 – La notion des pointeurs

```
int a;
int *p_a;          // Pointeur qui pointe vers un entier (4 octets)

long int b;
long int *p_b;     // Pointeur vers une entier long (2 octets)

float c;
float *p_c;        // Pointeur vers un flottant (4 octets)

long double d;
long double *p_d;  // Pointeur vers réel long double (10 octets)
```

L' opérateur &

C'est un opérateur qui retourne l'adresse d'un objet (variables, tableaux ou fonctions). C'est un opérateur fondamental dans la manipulation des pointeurs en langage C.

Des exemples :

```
// Déclaration des pointeurs
int a, *p_a;
long int b, *p_b;

// Affectation des adresses
p_a = &a;
p_b = &b;
```

Après l'opération de pointage (affectation de l'adresse d'une variable à un pointeur), on peut effectuer des modifications sur la variable pointée via le pointeur, c'est semblable à deux variables qui partage la même adresse mémoire. Le pointeur permet l'accès en lecture et en écriture de la variable pointée.

L'opérateur *

Contrairement à l'opérateur & qui retourne l'adresse d'une variable, l'opérateur * retourne la valeur de la case mémoire pointée par le pointeur, d'une autre façon il retourne la valeur de la variable pointée.

L'exemple 1 :

```
// Déclaration des pointeurs
int a, *p_a;
long int b, *p_b;

// Affectation des adresses
p_a = &a;
```

```
p_b = &b;

// Initialisation
a=10;
b=30;

// Lecture des valeurs
*p_a équivalent à a = 10 (contenu de l'adresse p_a)
*p_b équivalent à b = 30 (contenu de l'adresse p_b)

// Lecture des adresses
p_a est l'adresse de la variable a
p_b est 'adresse de la variable b
```

L'exemple 2 :

```
1          #include <stdio.h>
2
3          int a, *p_a;
4          double b, *p_b;
5
6          void main (void )
7          {
8                  p_a=&a;
9                  p_b=&b;
10                 a=99, b=33;
11
12                 printf("a= %d,Taille(a)=%d, Add(a)=%#x\n",*p_a,sizeof(*p_a), p_a);
13                 printf("b= %f,Taille(b)=%d, Add(b)=%#x\n",*p_b,sizeof(*p_b),p_b);
14         }
15
16         /*
17         Résultats :
18                 a= 99,Taille(a)=4, Add(a)=0x4079a8
19                 b= 33.000000,Taille(b)=8, Add(b)=0x407990
20         */
21
```

2.1.7.2 L'allocation dynamique de la mémoire

L'allocation dynamique de la mémoire comme son nom l'indique, permet de réserver un espace mémoire dont la taille n'est pas connue lors de la compilation. C'est une méthode fondamentale pour gérer la mémoire efficacement.

Le langage C dispose de deux fonctions pour l'allocation dynamique : malloc() et calloc() qui se trouve dans la libraire stdlib.h.

La fonction malloc() :

La fonction malloc() permet d'allouer un bloc mémoire de taille n (n cases sur k octets, avec k le nombre d'octet pour chaque case). Elle renvoie un pointeur vers l'adresse du bloc si la mémoire est suffisante et une valeur NULL en cas d'erreur.

La syntaxe d'utilisation :

point_out = (type_point*)malloc(num_case * taille_case) ; − (n*k)

Exemple :

```
1       #include <stdio.h>
2       #include <stdlib.h>
3       #define n 10
4
5       int i;
6       int *vect;
7       int k=0;
8
9       void main (void )
10      {
11              k= sizeof(int);
12              vect = (int*)malloc(n*k);
13
14              // Affichage des valeurs et adresses de la mémoire
15              for (i=0;i<n;i++)
16              {
17                      printf("Val[%d]=%d \nAdd[%d]=%#x\n",i,vect[i],i,vect + i);
18              }
19      }
20
21      /*
22      Résultats :
23              Val[0]=13720688
24              Add[0]=0xd113b0
25              Val[1]=0
26              Add[1]=0xd113b4
27              Val[2]=13697360
28              Add[2]=0xd113b8
29              Val[3]=0
30              Add[3]=0xd113bc
31              Val[4]=1163282770
32              Add[4]=0xd113c0
33              Val[5]=3818301
34              Add[5]=0xd113c4
35              Val[6]=1162694472
36              Add[6]=0xd113c8
37              Val[7]=1213481296
38              Add[7]=0xd113cc
39              Val[8]=1934974013
40              Add[8]=0xd113d0
41              Val[9]=1551069797
42              Add[9]=0xd113d4
43      */
44
```

Remarques :

- La mémoire est disponible dans notre cas qui engendre la réservation effective du bloc mémoire ;
- Les adresses dans une allocations dynamique sont successives (comme dans les tableaux) ;

- La fonction malloc n'initialise pas la mémoire et les valeurs sont aléatoires.

La fonction calloc() :

La fonction calloc() joue le même rôle que la fonction malloc() avec une petite différence. Elle permet d'initialiser les cases mémoires à zéro.

La syntaxe d'utilisation :

$$point\_out = (type\_point*)calloc(num\_case, taille\_case) ; - (n, k)$$

Un exemple :

```
1       #include <stdio.h>
2       #include <stdlib.h>
3       #define n 10
4
5       int i;
6       int *vect;
7       int k=0;
8
9       void main (void )
10      {
11              k= sizeof(int);
12              vect = (int*)calloc(n, k);
13
14              // Affichage des valeurs et adresses de la mémoire
15              for (i=0;i<n;i++)
16              {
17                      printf("Val[%d]=%d \nAdd[%d]=%#x\n",i,vect[i],i,vect + i);
18              }
19      }
20
21      /*
22      Résultats :
23              Val[0]=0
24              Add[0]=0xc13b0
25              Val[1]=0
26              Add[1]=0xc13b4
27              Val[2]=0
28              Add[2]=0xc13b8
29              Val[3]=0
30              Add[3]=0xc13bc
31              Val[4]=0
32              Add[4]=0xc13c0
33              Val[5]=0
34              Add[5]=0xc13c4
35              Val[6]=0
36              Add[6]=0xc13c8
37              Val[7]=0
38              Add[7]=0xc13cc
39              Val[8]=0
40              Add[8]=0xc13d0
41              Val[9]=0
42              Add[9]=0xc13d4
```

```
43        */
44
```

La fonction free() :

La fonction free() permet de libérer un espace mémoire préalablement alloué par les fonctions malloc() ou calloc(). Elle a un seul paramètre et on passe le pointeur du bloc mémoire à libérer (désallouer).

La syntaxe d'utilisation :

free(point_out)

Exemple :

```
void main (void )
{
k= sizeof(int);
// Allocation de l'espace mémoire
vect = (int*)calloc(n, k);
...
// Libération de l'espace mémoire
free(vect);
...
}
```

2.1.7.3 Les pointeurs et les tableaux

Les tableaux sont étroitement liés aux pointeurs. De manière générale, l'accès aux éléments des tableaux se fait par manipulation de leur adresse de base (adresse du premier élément du tableau &tab[0]), de la taille des éléments et de leurs indices. L'adresse du nième élément d'un tableau est calculée avec la formule :

Adresse(n) = Adresse_Base + n*Taille(élément)

Un exemple :

```
1         #include <stdio.h>
2         #include <stdlib.h>
3         #define n 3
4
5         int tab[n]={10,20,30};
6         int *p_tab;
7
8
9         void main (void )
10        {
11                p_tab = &tab[0]; // Affectation de l'adresse de base au pointeur
12                *p_tab =tab[0];
13
14                // la premier élément du tableau
15                printf("%d, %p \n",tab[0],&tab[0] );
16                printf("%d, %p \n",*tab,tab );
17                printf("%d, %p \n",p_tab[0],p_tab );
18                printf("%d, %p \n",*p_tab,p_tab );
```

```
19
20              // Le dernier élément du tableau
21              printf("\n%d, %p \n",tab[n-1],&tab[n-1] );
22              printf("%d, %p \n",*(tab+n-1),tab+n-1 );
23              printf("%d, %p \n",p_tab[n-1],p_tab+n-1 );
24              printf("%d, %p \n",*(p_tab+n-1),p_tab+n-1 );
25      }
26
27      /*
28      Résultats :
29              10, 0000000000403010
30              10, 0000000000403010
31              10, 0000000000403010
32              10, 0000000000403010
33
34              30, 0000000000403018
35              30, 0000000000403018
36              30, 0000000000403018
37              30, 0000000000403018
38      */
```

Les quatre opérations des lignes (15 au 18) sont identiques. On peut accéder aux éléments d'un tableau par sont pointeur de base (son nom), ou via un pointeur pointé sur le premier élément du tableau (figure 2.9).

Note : le nom d'un tableau est un pointeur constant, par conséquent, on ne peut pas modifier ce dernier. Pour changer le contenu d'un tableau, nous devons changer les éléments un par un dans une boucle.

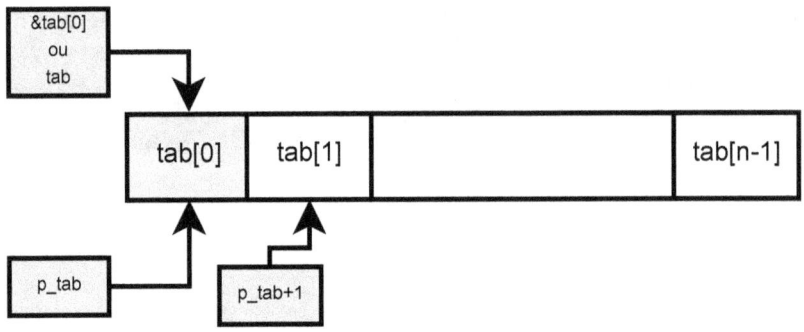

FIGURE 2.9 – Le pointeur d'un tableau

Les tableaux des pointeurs :

La syntaxe de déclaration :

$$\text{type point *tab\_point[Taille] ;}$$

Un exemple : int *tab[10] : Déclaration d'un tableau de 10 pointeurs de type entier dont les adresses et les valeurs ne sont pas encore définies.

Exemple : Le calcul de la valeur maximale, minimale et moyenne d'un signal :

```
1        #include <stdio.h>
2        #include <stdlib.h>
3        #include <math.h>
4        #define n 10
5        #define ampl 1
6        #define pi 3.1416
7        #define phi pi/4
8        #define f0 1000
9
10       float *sig;
11       int j;
12       float val_max=0.0, val_min=0.0, val_moy=0.0;
13
14       void sig_gen(int taille, float *sig_out )
15       {
16               int i;
17               for(i=0;i<taille; i++)
18                       sig_out[i] = 1e3*sin(2*pi*i*f0 + phi);
19       }
20
21       float get_max(int taille, float *sig_out )
22       {
23               int i;
24               float max_value =  sig_out[0];
25               for(i=1;i<taille; i++)
26                       if (sig_out[i]>max_value)
27                               max_value=sig_out[i];
28
29               return max_value;
30       }
31
32       void get_min(int taille,float *min_value, float *sig_out )
33       {
34               int i;
35               *min_value =  sig_out[0];
36               for(i=1;i<taille; i++)
37                       if (sig_out[i]<*min_value)
38                               *min_value=sig_out[i];
39
40       }
41
42       void get_moyenne(int taille,float *moy_value, float *sig_out )
43       {
44               int i;
45               *moy_value = 0.0;
46               for(i=0;i<taille; i++)
47                       (*moy_value)+=sig_out[i];
48
49               (*moy_value)/=taille;
50       }
51
52       void get_max_min_moy(float *moy_v, float *max_v,
52       float *min_v, int taille, float *sig_out )
53       {
54               int i ;
```

```
55              *moy_v = 0.0;
56              *max_v = sig_out[0];
57              *min_v = sig_out[0];
58
59              for(i=0;i<taille; i++)
60              {
61                      if(sig_out[i]>*max_v) *max_v = sig_out[i];
62                      if(sig_out[i]<*min_v) *min_v = sig_out[i];
63                      *moy_v = *moy_v + sig_out[i];
64              }
65
66              *moy_v = *moy_v/taille;
67
68      }
69
70      void main (void )
71      {
72              // Allocation de la mémoire
73              sig = (float *) calloc(n, sizeof(float));
74              // Géneration du signal
75              sig_gen(n,sig);
76              //Affichage du signal
77              for(j=0;j<n; j++) printf("%d, %f \n",j,sig[j]);
78
79              /************* Solution 1 *************/
80
81              // Affichage de la valeur maximale
82              val_max = get_max(n,sig);
83              printf("\nMax = %f\n", val_max);
84              // Affichage de la valeur minimale
85              get_min(n,&val_min,sig);
86              printf("Min = %f\n",val_min);
87              // Affichage de la valeur moyenne
88              get_moyenne(n,&val_moy,sig);
89              printf("Moy = %f\n",val_moy);
90
91              /************* Solution 2 *************/
92              // Initialisation
93              val_max=val_min=val_moy=0.0;
94              get_max_min_moy(&val_moy, &val_max, &val_min, n , sig );
95              // Affichage
96              printf("\nMax = %f\nMin = %f\nMoy = %f\n",
96              val_max,val_min,val_moy );
97
98              // Libération de la mémoire
99              free(sig);
100
101     }
102
103     /*
104     Résultats :
105             0, 707.108093
106             1, 717.420776
107             2, 727.578552
108             3, 737.579285
```

```
109              4, 747.420837
110              5, 757.100952
111              6, 766.617676
112              7, 775.968933
113              8, 785.152649
114              9, 794.166870
115
116              Max = 794.166870
117              Min = 707.108093
118              Moy = 751.611450
119
120              Max = 794.166870
121              Min = 707.108093
122              Moy = 751.611450
123      */
124
```

L'exemple illustre l'utilisation des pointeurs. La fonction sig_gen génère un signal sinu-
soïdal de taille n en utilisant l'allocation dynamique. Elle prend en paramètre le pointeur
du tableau constituant le signal et sa taille et elle retourne le même tableau rempli des
échantillons. Le programme contient aussi quatre fonctions de calcul :

- Calcul de la valeur moyenne (get_max);
- Calcul de la valeur maximale (get_min);
- Calcul de la valeur minimale (get_moyenne);
- Calcul de la valeur minimale, maximale et la moyenne (get_max_min_moy).

La fonction get_max(lignes : 21-30) retourne la valeur maximale de type flottant en
utilisant la fonction return. En revanche, la fonction get_min(lignes : 32-40) ne retourne
aucune valeur. En utilisant la fonction get_min avec un pointeur, elle permet quand
même de retourner la valeur minimale.

Un paramètre de type pointeur dans une fonction peut être un paramètre d'entrée ou
de sortie, c.à.d. une variable peut avoir deux valeurs différentes avant et après l'appel
de la fonction. On peut observer le même fonctionnement dans la fonction sig_gen et la
fonction get_min_max_moy (3 paramètre de retour).

2.1.7.4 Les pointeurs et les structures

Les tableaux permettent de définir le type de variables qui peuvent contenir plusieurs
éléments de données du même genre. De même, une structure est un autre type de données disponible en C et défini par l'utilisateur. Elle permet de combiner des éléments de
données de différents types (voir la section ci-dessus Structures et Opérateurs).

La syntaxe :

struct nom_struct *point_struct ;

Un exemple :

```
1        #include <stdio.h>
2        #include <stdlib.h>
3
4        struct Pixel
```

```
5            {
6                    unsigned char R;
7                    unsigned char G;
8                    unsigned char B;
9            };
10
11           struct Pixel pix1, *point_pix;
12
13           void main (void )
14           {
15                   point_pix =&pix1;
16
17                   pix1.R = pix1.G = pix1.B=125;
18                   printf("R = %d, G= %d, B= %d\n",(*point_pix).R,(*point_pix).G,
19                   (*point_pix).B );
20
21                   pix1.R = pix1.G = pix1.B=200;
22                   printf("R = %d, G= %d, B= %d\n",pix1.R,pix1.G,
23                   pix1.B );
24           }
25
26           /*
27           Résultats :
28                   R = 125, G= 125, B= 125
29                   R = 200, G= 200, B= 200
30           */
31
```

Le pointeur d'une structure avec l'allocation dynamique :

Lorsque on effectue une allocation dynamique en utilisant une structure, l'accès à un membre de la structure est réalisé par l'opérateur "->" à la place de l'opérateur "."

Un exemple :

```
1            #include <stdio.h>
2            #include <stdlib.h>
3            #define taille 20
4
5            int i;
6
7            struct Pixel
8            {
9                    unsigned char R;
10                   unsigned char G;
11                   unsigned char B;
12           };
13
14           struct Pixel *point_tabPix;
15
16           void main (void )
17           {
18                   point_tabPix = (struct Pixel*)calloc(taille,
18                   sizeof(struct Pixel));
19
20                   // Initialisation
```

```
21              for(i=0; i<taille; i++)
22              {
23                      (point_tabPix+i)->R = 2*i;
24                      (point_tabPix+i)->G = 3*i;
25                      (point_tabPix+i)->B = 4*i;
26              }
27
28              // Affichage
29              for(i=0; i<taille; i++)
30              {
31                      printf("R(%d)=%d, G(%d)=%d, B(%d)=%d\n",i,
31                      (point_tabPix+i)->R,i,(point_tabPix+i)->G,i,
31                      (point_tabPix+i)->B);
33
34              }
35              free(point_tabPix);
36      }
37
38      /*
39      Résultats :
40              R(0)=0, G(0)=0, B(0)=0
41              R(1)=2, G(1)=3, B(1)=4
42              R(2)=4, G(2)=6, B(2)=8
43              R(3)=6, G(3)=9, B(3)=12
44              ...
45      */
46
```

2.1.7.5 Les pointeurs et les fonctions

Une question qu'on peut se poser, est qu'est ce que représente une fonction dans la mémoire ? En fait, une fonction en langage C n'est pas une variable. C'est un object dont on peut accéder à son adresse et manipuler des pointeurs de fonction.

La syntaxe de déclaration d'un pointeur de fonction, peut sembler désordonnée au premier abord, mais dans la plupart des cas, il est vraiment simple une fois que vous comprenez comment ça marche.

La syntaxe :

$$\text{type\_retour } (*\text{nom\_point})(\text{type\_param}) ;$$

Un exemple : int (*somme)(int, int) ;

L'affectation d'un pointeur de fonction à une fonction :

Pour initialiser un pointeur de fonction, vous devez lui affecter l'adresse d'une fonction dans votre programme (ou le nom de la fonction). La syntaxe est comme toute autre variable :

$$\text{nom\_point } = \&\text{nom\_fonct} ; \text{ ou nom\_point } = \text{nom\_fonct}$$

Un exemple :

```
...
// Déclatation du pointeur
int (*point_somme)(int, int);
...
// Déclaration de la fonction
int somme(int a, int b)
{
...
}
...
// Affectation
point_somme =somme;
// ou bien
point_somme =\&somme;
...
```

L'utilisation d'un pointeur de fonction :

Pour appeler la fonction pointée par un pointeur de fonction, nous traitons le pointeur de fonction comme si elle était le nom de la fonction que nous désirons appeler. Le fait de l'appeler, permet le référencement de la fonction. On reprend l'exemple cité précédemment (calcul de la somme de deux variables entières) :

Un exemple :

```
#include <stdio.h>

// Déclatation du pointeur
int (*point_somme)(int, int);

// Déclaration de la fonction
int somme(int a, int b)
{
return a+b;
}

void main (void )
{
// Affectation
point_somme =somme; // point_somme =\&somme;

// Appel de la fonction en utilisant le pointeur
printf("La somme de %d et %d vaut %d\n",10,10,(*point_somme)(10,10));
printf("La somme de %d et %d vaut %d\n",10,10,point_somme(10,10));
}

/*
Résultats :
La somme de 10 et 10 est 20
La somme de 10 et 10 est 20
*/
```

2.1.7.6 L'arithmétique des pointeurs en C

Les pointeurs jouent un rôle important dans le langage C embarqué. Ce dernier, dispose d'une série d'opérations arithmétiques sur les pointeurs que l'on ne rencontre en général que dans les langages machines.

En C embarqué, toutes les opérations avec les pointeurs prennent en considération le type et la grandeur des objets pointés.

Soient P1 et P2 deux pointeurs sur le même type de données.

— **Affectation** : P1 = P2 : Le pointeur P2 pointe vers l'objet P2 (P2 à la même adresse du P1)
— **Incrémentation et décrémentation** :
  - P++ : Le pointeur P change d'adresse (Adresse suivante) ;
  - P+=n : Le pointeur P avance de n adresses (P=P+n) ;
  - P– : Le pointeur P change d'adresse (Adresse précédente) ;
  - P-=n : Le pointeur P recule de n adresses (P=P-n) ;
— **Addition et soustraction** :
  - P+ n : Pointe vers l'adresse P+n ;
  - P-n : Pointe vers l'adresse P-n (si elle existe).

Un exemple :

```
1          #include <stdio.h>
2
3          unsigned char tab[10]={10,20,30,40,50,60,70,80,90,100};
4          unsigned char *p;
5          unsigned char *p1, *p2;
6
7          void main (void )
8          {
9                  p=tab;
10                 p1=&tab[0];
11                 p2=&tab[0];
12                 printf("P=%p\nP1=%p\nP2=%p\n\n",p,p1,p2);
13
14                 p1++;
15                 p2--;
16                 printf("P=%p\nP1=%p\nP2=%p\n\n",p,p1,p2);
17
18                 p1=tab+10;
19                 p2=tab-10;
20                 printf("P=%p\nP1=%p\nP2=%p\n\n",p,p1,p2);
21
22                 p1=tab+1000;
23                 p2=tab-1000;
24                 printf("P=%p\nP1=%p\nP2=%p\n\n",p,p1,p2);
25
26         }
27
28         /*
29         Résultats :
30                 P=0000000000403010
31                 P1=0000000000403010
```

```
32          P2=0000000000403010
33
34          P=0000000000403010
35          P1=0000000000403011
36          P2=000000000040300F
37
38          P=0000000000403010
39          P1=000000000040301A
40          P2=0000000000403006
41
42          P=0000000000403010
43          P1=00000000004033F8
44          P2=0000000000402C28
45      */
```

Note : Les lignes 22 et 22 du programme, montrent qu'on peut accéder à une case mémoire en dehors de la mémoire allouée (qui n'est pas toujours le cas).

Le programme ci-dessous permet de balayer la mémoire adresse par adresse dans une boucle infinie en affichant le contenu de chaque case à partir de l'adresse de base du tableau. La figure 2.10 illustre une erreur d'accès à la mémoire.

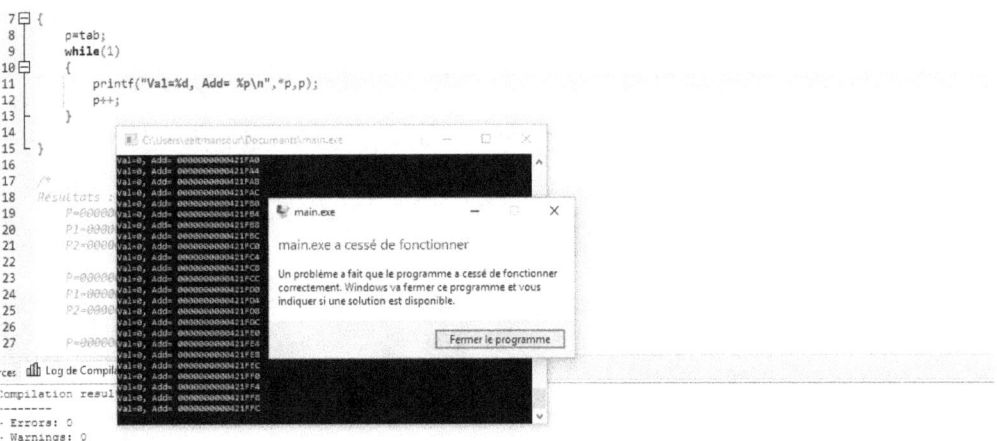

FIGURE 2.10 – Le balayage de la mémoire par un pointeur

```c
#include <stdio.h>

int tab[10]={10,20,30,40,50,60,70,80,90,100};
int *p;

void main (void )
{
p=tab;
while(1)
{
printf("Val=%d, Add= %p\n",*p,p);
p++;
}

}
```

2.1.8 La gestion des fichiers

2.1.8.1 Introduction

Le langage C offre la possibilité de lire et d'écrire des données dans un fichier. Pourquoi les fichiers sont-ils nécessaires en langage C ?

A la fin de l'exécution d'un programme, l'ensemble des données sont perdues. Si vous voulez garder les traces de volume de données, il est important de stocker les données entières. Grâce à un fichier, ces informations peuvent être consultées en utilisant quelques commandes.

En électronique embarqué, les fichiers jouent un rôle important dans l'acquisition et stockage de données, en particulier dans les systèmes de commande et de contrôle (Ex : acquisition et affichage de la température, stockage de données acquises par le port série,...).

Il ya un grand nombre de fonctions pour gérer le fichier d'E/S en langage C. Dans cet ouvrage, vous apprendrez à gérer les types des fichiers suivants :

- Fichier texte ;
- Fichier binaire.

Les opérations sur les fichiers

- Création d'un nouveau fichier ;
- Fermeture d'un fichier ;
- Ouverture d'un fichier existant ;
- Lecture et écriture des informations dans un fichier.

2.1.8.2 Ouverture d'un fichier

En travaillant avec le fichier, il faut déclarer un pointeur de type **FILE**. Cette déclaration est nécessaire pour la communication entre le fichier et le programme.

FILE *fichier ;

L'ouverture d'un fichier est effectuée en utilisant la fonction **fopen** (). Cette dernière, est définie dans la bibliothèque stdio.h et La syntaxe d'ouverture d'un fichier est la suivante :

fichier=fopen("chemin_fichier","mode_fichier")

Un exemple :

```
FILE *fich1
fich1=fopen("C:\Exemples\FichText.txt","r");
```

Les modes d'ouverture d'un fichier :

- **r** : Lecture seul dans un fichier existant et la fonction retourne NULL si le fichier n'existe pas ;
- **w** : Écriture seule dans un fichier quelconque. Si le fichier existe, le contenue sera écrasé sinon la fonction va créer un nouveau fichier ;

- **a** : **Ouverture d'un fichier existant et maintenir les données. Si le fichier n'existe pas, ce dernier est créé (Ouverture pour Ajout, les données sont ajoutées à la fin du fichier)** ;
- **r+** : Lecture et écriture dans un fichier existant et la fonction retourne NULL dans le cas d'absence du fichier ;
- **w+** : Lecture et écriture dans le fichier. Si le fichier n'existe pas, ce dernier sera créé, sinon son contenu sera écrasé ;
- **a+** : **Lecture et écriture dans le fichier sans perte de données. Si le fichier n'existe pas, ce dernier sera créé.**

2.1.8.3 La fermeture d'un fichier

On utilise la fonction fclose() pour la fermeture d'un fichier. Quand le fichier est fermé, le compteur des lignes est remis à zéro.

int fclose(FILE *fichier) ;

La fonction fclose ( ) renvoie zéro en cas de fermeture effective du fichier ou la constante EOF (=-1) s'il y'a une erreur dans la fermeture du fichier. La fonction efface les données en attente dans la mémoire tampon, ferme le fichier et libère la mémoire utilisée pour le fichier.

Un exemple d'ouverture et fermeture d'un fichier en mode lecture et écriture ET/OU création d'un nouveau fichier :

```
FILE *fichier;
...
fichier=fopen("C:\\Exo\\fich1.txt","a+");
...
fclose(fichier);
```

2.1.8.4 L'écriture dans un fichier

L'écriture dans un fichier nécessite l'ouverture de ce dernier en utilisant la fonction fopen, le mode requis est l'écriture(w) ou lecture et écriture (w+, a+).

Le langage C, offre trois fonctions de lecture dans un fichier :

- **fputc** : Écriture d'un seul caractère dans le fichier ;
- **fputs** : Écriture d'une chaîne de caractère dans le fichier ;
- **fprintf** : Écriture d'un ou plusieurs objets dans le fichier de types différents (fonction générique).

Les syntaxes :

```
int fputc( char 1_caract, FILE *fichier );
int fputs( const char *chaine, FILE *fichier );
int fprintf(FILE *fichier,const char *format, ...);
```

Exemple 1 : La fonction fputc :

```
#include <stdio.h>
#define taille 12

FILE *fichier;
char tab[taille]={'B','o','n','j','o','u','r','-','2','0','1','6'};
```

```
char c_end='#';
int i;
void main (void )
{
// Ouverture du fichier en lecture et écriture
// ET/OU création d'un nouveau fichier
fichier=fopen("C:\\Exo\\fich1.txt","a+");
// Écriture de la chaine Bonjour-2016
for(i=0;i<taille;i++) fputc(tab[i],fichier);
// Écriture du caractère de la fin de la ligne '#'
fputc(c_end,fichier);
// Fermeture du fichier
fclose(fichier);
}


/*
Résultats :
Bonjour-2016#
*/
```

FIGURE 2.11 – L'écriture dans un fichier avec la focntion fputc

Exemple 2 : La fonction fputs :

```
#include <stdio.h>
#define taille 13

FILE *fichier;
char tab[taille]={'B','o','n','j','o','u','r','-','2','0','1','6'};
void main (void )
{
tab[taille-1]='#';

// Ouverture du fichier en lecture et écriture
// ET/OU création d'un nouveau fichier
fichier=fopen("C:\\Exo\\fich1.txt","a+");
// Ecriture de la chaine Bonjour-2016
fputs(tab,fichier);
// Fermeture du fichier
fclose(fichier);
}

/*
Résultats :
Bonjour-2016#
```

```
*/
```

Exemple 3 : La fonction fprintf #1 :

```c
#include <stdio.h>
#define taille 13

FILE *fichier;
int i;
char tab[taille]={'B','o','n','j','o','u','r','-','2','0','1','6'};
void main (void )
{
tab[taille-1]='#';

// Ouverture du fichier en lecture et écriture
// ET/OU création d'un nouveau fichier
fichier=fopen("C:\\Exo\\fich1.txt","a+");

// Ecriture de la chaine Bonjour-2016 - #solution 1
fprintf(fichier,"%s",tab);

// Ecriture de la chaine Bonjour-2016 - # solution 2
for(i=0;i<taille;i++) fprintf(fichier,"%c",tab[i]);

// Fermeture du fichier
fclose(fichier);
}

/*
Résultats :
Bonjour-2016#Bonjour-2016#
*/
```

Exemple 4 : La fonction fprintf #2 :

```c
#include <stdio.h>

FILE *fichier;
int a, b;
void main (void )
{
// Ouverture du fichier
fichier=fopen("C:\\Exo\\fich1.txt","a+");

// Ecriture dans le fichier
a=b=10;
fprintf(fichier,"%d#%d#%d\n",a,b,a+b);
a=b=40;
fprintf(fichier,"%d#%d#%d\n",a,b,a+b);
a=b=90;
fprintf(fichier,"%d#%d#%d\n",a,b,a+b);
a=10; b=1230;
fprintf(fichier,"%d#%d#%d\n",a,b,a+b);

// Fermeture du fichier
fclose(fichier);
```

```
}

/*
Résultats :
10#10#20
40#40#80
90#90#180
10#1230#1240
*/
```

2.1.8.5 La lecture d'un fichier

Le langage C, offre trois fonctions de lecture dans un fichier :

- **fgetc** : La lecture d'un seul caractère dans le fichier et elle retourne le caractère EOF en cas d'erreur ;
- **fgets** : La lecture d'une chaîne de caractère dans le fichier de taille n ;
- **fscanf** : La lecture d'un ou plusieurs objets dans le fichier de types différents (fonction générique).

Les syntaxes :

```
char fgetc( FILE *fichier );
int fgets( const char *buffer,int taille_buff,  FILE *fichier );
int fscanf(FILE *fichier,const char *format, ...);
```

Exemple 1 : La fonction fgetc :

```
#include <stdio.h>
#define taille 12

FILE *fichier;
char tab[taille]={'B','o','n','j','o','u','r','-','2','0','1','6'};
char c_end='#';
char c;
int i;
void main (void )
{
/************ ECRITURE ************/
// Ouverture du fichier en lecture et écriture
fichier=fopen("C:\\Exo\\fich1.txt","a+");
// Ecriture de la chaine Bonjour-2016
for(i=0;i<taille;i++) fputc(tab[i],fichier);
// Ecriture du caractère de la fin de la ligne '#'
fputc(c_end,fichier);
// Fermeture du fichier
fclose(fichier);

/************ LECTURE ************/
// Ouverture du fichier en lecture et écriture
fichier=fopen("C:\\Exo\\fich1.txt","a+");
// Lecture de la chaine Bonjour-2016
while((c = fgetc(fichier))!=EOF)
{
printf("%c", c);
}
```

```
// Fermeture du fichier
fclose(fichier);
}
```

```
/*
Résultats :
Bonjour-2016#
*/
```

La fonction fgets (), lit n-1 caractères à partir de l'indice actuel du fichier. Elle copie la chaîne dans le tampon de lecture en ajoutant un caractère nul à la fin de la chaîne.

Exemple 2 : La fonction fgets :

```
#include <stdio.h>
#define taille 13

FILE *fichier;
char tab[taille]={'B','o','n','j','o','u','r','-','2','0','1','6'};
void main (void )
{
tab[taille-1]='#';

/************* ECRITURE *************/
// Ouverture du fichier en lecture et écriture
fichier=fopen("C:\\Exo\\fich1.txt","a+");
// Ecriture de la chaine Bonjour-2016
fputs(tab,fichier);
// Fermeture du fichier
fclose(fichier);

/************* LECTURE *************/
// Ouverture du fichier en lecture et écriture
fichier=fopen("C:\\Exo\\fich1.txt","a+");
// Lecture de la chaine Bonjour-2016
fgets(tab,taille,fichier);
printf("%s\n", tab);
fgets(tab,taille-2,fichier);
printf("%s\n", tab);
fgets(tab,taille-5,fichier);
printf("%s\n", tab);
// Fermeture du fichier
fclose(fichier);
}
/*
Résultats :
Bonjour-2016
#Bonjour-2
016#Bon
*/
```

Exemple 3 : La fonction fscanf :

```
#include <stdio.h>
#define taille 13
```

```
FILE *fichier;
char tab[taille]={'B','o','n','j','o','u','r','-','2','0','1','6'};
char tab2[2*taille];
void main (void )
{
tab[taille-1]='#';

/************* ECRITURE *************/
// Ouverture du fichier en lecture et écriture
fichier=fopen("C:\\Exo\\fich1.txt","a+");
// Ecriture de la chaine Bonjour-2016
fputs(tab,fichier);
// Fermeture du fichier
fclose(fichier);

/************* LECTURE *************/
// Ouverture du fichier en lecture et écriture
fichier=fopen("C:\\Exo\\fich1.txt","a+");
// Lecture de la chaine Bonjour-2016
fscanf(fichier,"%s",tab2);
printf("%s\n", tab2);
// Fermeture du fichier
fclose(fichier);
}

/*
Résultats :
Bonjour-2016#Bonjour-2016#
*/
```

2.1.8.6 Le positionnement dans un fichier

Les fonctions d'E/S permettent d'accéder à un fichier les unes après les autres (mode séquentiel). Il est également possible d'accéder à un fichier en mode direct, c.à.d. que l'on peut se positionner à n'importe quel endroit du fichier.

La fonction **fseek** permet de redéfinir la nouvelle position de l'indice dans le fichier. Elle renvoie zéro en cas de succès ou une valeur non nulle dans le cas contraire.

La syntaxe de la fonction fseek :

int fseek(FILE *fichier, long int deplac, int origine) ;

— *fichier : Le nom du fichier (supposé ouvert).
— deplac : La Valeur de déplacement par rapport à l'origine.
— origine : L'origine.
   - SEEK_SET (=0) : Début du fichier
   - SEEK_CUR (=1) : Position courante
   - SEEK_END (=2) : Fin du fichier

Un exemple :

```
#include <stdio.h>
#include <string.h>
FILE *fichier;
```

```c
int taille;
int i;
char tab[]={'E','l','e','c','t','r','o','n','i','q',
'u','e',' ','M','i','x','t','e',' ','2','0','1','6'};
char c;

void main (void )
{
// Affichage de la chaine
printf("%s\n",tab);
// Détermination de la taille du tableau
taille = strlen (tab);
// Ouverture du fichier en lecture et écriture
fichier=fopen("C:\\Exo\\fich1.txt","a+");
// Ecriture de la chaine Electronique Mixte 2016
for(i=0;i<taille; i++) fputc(tab[i],fichier);

// Repositionnement au début du fichier
if(!fseek(fichier, 0,0))
{
printf("Positionnement reussi au debut du fichier \n");
c = fgetc(fichier);
printf("Le caractere actuel vaut : %c\n", c);
}

// Repositionnement à la fin du fichier -1
if(!fseek(fichier, -1,2)) // Début du fichier
{
printf("Positionnement reussi a la fin du fichier -1 \n");
c = fgetc(fichier);
printf("Le caractere actuel vaut : %c\n", c);
}

// Repositionnement à la fin du fichier -6
if(!fseek(fichier, -7,2)) // Début du fichier
{
printf("Positionnement reussi a la fin du fichier -6\n");
c = fgetc(fichier);
printf("Le caractere actuel vaut : %c\n", c);
}

// Repositionnement au début du fichier + 3
if(!fseek(fichier, 3,0))
{
printf("Positionnement reussi au debut du fichier +3 \n");
c = fgetc(fichier);
printf("Le caractere actuel vaut : %c\n", c);
}

// Fermeture du fichier
fclose(fichier);
}

/*
Résultats :
```

```
Electronique Mixte 2016
Positionnement reussi au debut du fichier
Le caractere actuel vaut : E
Positionnement reussi a la fin du fichier -1
Le caractere actuel vaut : 6
Positionnement reussi a la fin du fichier -6
Le caractere actuel vaut : t
Positionnement reussi au debut du fichier +3
Le caractere actuel vaut : c
*/
```

La fonction **ftell** permet de retourner la position courante dans le fichier en nombre d'octets à partir de l'origine.

La syntaxe de la fonction **fseek** :

long ftell(FILE *fichier) ;

Un exemple :

```c
#include <stdio.h>
#include <string.h>
FILE *fichier;
int taille;
int i;
char tab[]={'E','l','e','c','t','r','o','n','i','q',
'u','e',' ','M','i','x','t','e',' ','2','0','1','6'};
char c;

void main (void )
{
// Détermination de la taille du tableau
taille = strlen (tab);
// Ouverture du fichier en lecture et écriture
fichier=fopen("C:\\Exo\\fich1.txt","a+");
// Ecriture de la chaine Electronique Mixte 2016
for(i=0;i<taille; i++) fputc(tab[i],fichier);

// Poistionner au début du fichier
fseek(fichier, 0,0);
printf("Le positon actuel vaut %d\n",ftell(fichier));
// Poistionner au début du fichier + 5
fseek(fichier, 5,0);
printf("Le positon actuel vaut %d\n",ftell(fichier));
// Poistionner au position courant
fseek(fichier, 0,1);
printf("Le positon actuel vaut %d\n",ftell(fichier));
// Poistionner au position courant + 2
fseek(fichier, 2,1);
printf("Le positon actuel vaut %d\n",ftell(fichier));

// Fermeture du fichier
fclose(fichier);
}
```

```
/*
Résultats :
Le positon actuel vaut 0
Le positon actuel vaut 5
Le positon actuel vaut 5
Le positon actuel vaut 7
*/
```

2.1.8.7 Les fichiers binaires

Lorsqu'on veut enregistrer les données numériques, il est souvent plus efficace de recopier directement le contenu de la mémoire sous forme binaire. Le format binaire occupe beaucoup moins d'espace mémoire par rapport au format texte (Ex : calcul numérique, traitement d'image, traitement du signal, ...).

1. Les modes d'accès :

Le format binaire utilise les mêmes modes d'accès du format texte et il suffit d'ajouter le caractère 'b' au mode (Ex : rb, r+b, wb, w+b,...).

- **rb** : Ouverture d'un fichier binaire en lecture ;
- **wb** : Ouverture en écriture ;
- **ab** : Ouverture en écriture à la fin du fichier ;
- **r+b** : Ouverture en lecture/écriture ;
- **w+b** : Ouverture en lecture/écriture ;
- **a+b** : Ouverture en lecture/écriture à la fin du fichier.

2. L'écriture dans le fichier :

La fonction **fwrite** écrit un bloc de données en un seul appel. Elle retourne un entier égale au nombre d'éléments effectivement écrits ou zéro en cas d'erreur dans le fichier.

La syntaxe de la fonction fwrite :

int_taille fwrite(void *Buffer, siezof(type_buffer), int_taille, FILE *fichier) ;

Exemple :

```
#include <stdio.h>
#define taille 10

FILE *fichier;
int i;
float buffer[taille]={10.0,14,25.0,12,4584,-254897,10E+10,-3.154488,0,-52};
int taille_eff = 0;

void main (void )
{
// Ouverture du fichier en lecture et écriture
fichier=fopen("C:\\Exo\\fich1.txt","a+b");
// Ecriture du tampon dans le fichier
taille_eff = fwrite(buffer,sizeof(float), taille, fichier);
```

```
printf("Le nombre des caracteres ecrit %d\n",taille_eff );
printf("La taille du buffer %d\n",taille);
// Fermeture du fichier
fclose(fichier);
}

/*
Résultats :
Le nombre des caracteres ecrit 10
La taille du buffer 10
*/
```

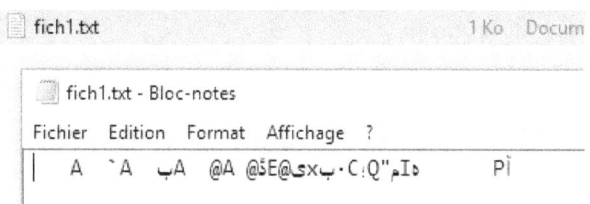

FIGURE 2.12 – L'écriture dans un fichier binaire

Le programme ci-dessus écrit un tableau de valeurs flottantes avec **fwrite** dans le fichier. Le nombre des digits n'a pas d'importance dans les fichiers binaires et les données sont stockées en fonction de leurs types. Par exemple, 3.14, 3.1400, 3.14000000000 sont de même type de données double (8 octets) avec des formats différents.

Exemple : Le nombre d'octets nécessaires pour stocker la constante flottante 78.148785455856488548 dans le cas d'un fichier binaire ou texte :

- Binaire : 8 octets (double) ;
- Texte : 24 caractères (24 octets)('7','8','.','1',...).

La figure 2.12 montre que le contenu du fichier sorti n'est pas encodé.

3. La lecture d'un fichier binaire :

La fonction de lecture **fread**, a une syntaxe identique à celle de la fonction fwrite.
La syntaxe de la fonction fwrite :

int_taille fread(void *Buffer, siezof(type_buffer), int_taille, FILE *fichier) ;

Un exemple :

```
#include <stdio.h>
#define taille 10

FILE *fichier;
int i;
float buffer_write[taille]={10.0,14,25.0,12,4584,-254897,
10E+10,-3.154488,0,-52};
float buffer_read[taille];
int taille_eff_w = 0,taille_eff_r ;
```

```
void main (void )
{
        // Ouverture du fichier en lecture et écriture
        fichier=fopen("C:\\Exo\\fich1.txt","a+b");
        // Ecriture dans le fichier binaire
        taille_eff_w = fwrite(buffer_write,sizeof(float), taille, fichier);
        // Fermeture du fichier
        fclose(fichier);

        // Ouverture du fichier en lecture et écriture
        fichier=fopen("C:\\Exo\\fich1.txt","a+b");
        // Lecture du fichier binaire
        taille_eff_r = fread(buffer_read,sizeof(float), taille, fichier);
        // Fermeture du fichier
        fclose(fichier);

        // Affichage
        for(i=0;i<taille_eff_w; i++) printf("%.3f\n",buffer_write[i]);
        printf("\n");

        for(i=0;i<taille_eff_r; i++) printf("%.3f\n",buffer_read[i]);
        printf("\n");
}
/*
Résultats :
        14.000
        25.000
        12.000
        4584.000
        -254897.000
        99999997952.000
        -3.154
        0.000
        -52.000

        10.000
        14.000
        25.000
        12.000
        4584.000
        -254897.000
        99999997952.000
        -3.154
        0.000
        -52.000
*/
```

CHAPITRE 3

LE LANGAGE C EMBARQUÉ EN ACTION

3.1 Des exemples pratiques en électronique du langage C embarqué

3.1.1 Jeu de lumière

3.1.1.1 Le fonctionnement

Le système du jeu de lumière est illustré dans la figure 3.1. Le circuit permet d'effectuer plusieurs opérations sur les données d'entrée en fonction du mode choisi par l'utilisateur (5 modes) :

- Décalage à droite ;
- Décalage à gauche ;
- Rotation à droite ;
- Rotation à gauche ;
- Négation.

La vitesse de clignotement des LEDs (8 LED) dépend du paramètre Vitesse définie par l'utilisateur sur 8 bits (0 : vitesse lente, 255 : vitesse rapide. La mise en service du circuit est assurée par l'entrée Start (Start !=0).

— Les entrées :
  — Mode : 8 bits
  — Vitesse : 8 bits
  — Data : 8 bits
  — Start : 1 bit
— Les sorties :
  — LED : 8 bits

3.1.1.2 Programme

```
001       #include <stdio.h>
002       #include <stdbool.h>
003       #include <math.h>
```

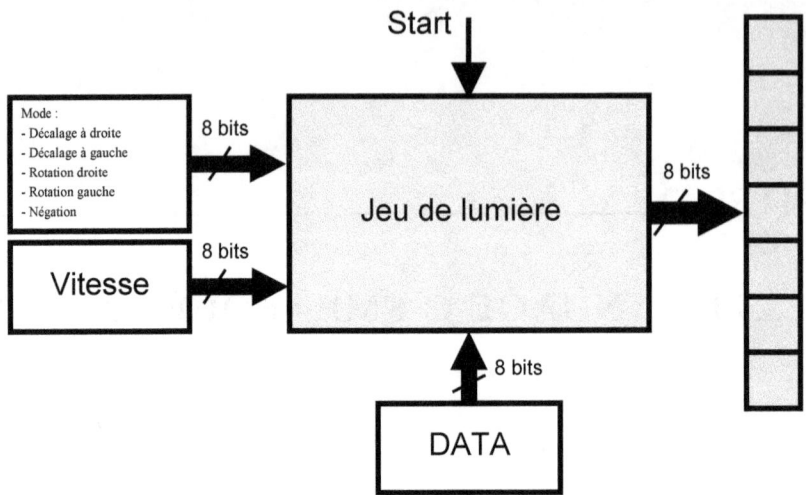

FIGURE 3.1 – Le schéma de fonctionnement du jeu de lumière

```
004
005        #define N 8
006
007        short int buffbitt[N];
008
009        int i,j,k ;
010
011        bool Start=0;
012        unsigned short int Mode=0x00;
013        unsigned short int LED=0x00;
014        unsigned short int Vitesse=0x00;
015        unsigned short int Data=0x00;
016
017        short int val0=0;
018
019        // Temporisation de base  (Temp0)
020        void Vitesse_0(void)
021        {
022                unsigned long int i;
023                unsigned long int j;
024
025                for(i=0; i<1e6; i++)
026                {
027                        for(j=0;j<1e1;j++)
028                        {
029                                i++;
030                                i--;
031                        }
032                }
033        }
034
035        // Temporisation N * Temp0
036        void Vitesse8bits(unsigned short int  v)
037        {
```

```
038                     unsigned short int i;
039                     if(v<=0|| v>255) Vitesse_0();
040                     else
041                             for(i=0;i<v; i++) Vitesse_0();
042             }
043
044     // Conversion int to bit
045     void int2bit(unsigned short int *buffer, int taille,
045     unsigned short int val)
046     {
047             int i ;
048             for(i=0;i<taille; i++)
049             {
050                     buffer[i]= val & 0x01;
051                     val= val >> 0x01;
052             }
053     }
054
055     // Conversion bit to int
056     unsigned short int bit2int(unsigned short int *buffer, int taille)
057     {
058             unsigned short int val =0x00;
059             int i ;
060             for(i=0;i<taille; i++)
061             {
062                     if(buffer[i]) val+= pow(2,i);
063             }
064
065             return val;
066     }
067
068     // Inverseur d'un registre
069     void notbuff(unsigned short int *buff_in, unsigned short int
069     *buff_not, int taille)
070     {
071             int i;
072             for(i=0;i<taille; i++)
073             {
074                     buff_not[i]= !buff_in[i];
075             }
076
077     }
078
079     // Sélectionne du monde d'affichage
080     unsigned short int Mode8bits(unsigned short int moode,
080     unsigned short int datain, int taille)
081     {
082             unsigned short int data_led;
083             unsigned short int bit_rot=0x00;
084             unsigned short int buffbit[N];
085
086             switch (moode)
087             {
088                     // Décalage à droite
089                     case 0 :
```

```
090                                 data_led = datain >> 1;
091                                 return data_led;
092                                 break;
093                         // Décalage à gauche
094                         case 1 :
095                                 data_led = datain << 1;
096                                 return data_led;
097                                 break ;
098                         // Rotation à droite
099                         case 2 :
100                                 bit_rot =datain & 0x01;
101                                 data_led = (datain >> 1)| (bit_rot<<  N-1);
102                                 return data_led;
103                                 break;
104                         // Rotation à gauche
105                         case 3 :
106                                 bit_rot =datain & 0x80;
107                                 data_led = (datain << 1)| (bit_rot>> N-1);
108                                 return data_led;
109                                 break ;
110                         // Négation
111                         case 4 :
112                                 int2bit(buffbit, taille, datain);
113                                 notbuff(buffbit, buffbit,taille);
114                                 data_led = bit2int(buffbit, taille);
115                                 return data_led; // return data_led = ~datain;
116                                 break;
117                         // Autres
118                         default :
119                                 data_led =datain;
120                                 break;
121             };
122     }
123
124
125     void main (void)
126     {
127             // Mode 0 - Décalage à droite
128             do
129             {
130                     Data=0xf3;
131                     Vitesse = 1;
132                     LED=Data;
133
134                     for(k=0;k<5;k++)
135                     {
136                             printf("\n***** Mode %d *****\n", k);
137                             printf("Vitesse d'affichage %d\n", Vitesse);
138                             printf("La donnee d'entree %d\n", Data);
139                             printf("Entrez la valeur de Start : ");
140                             scanf("%d",&Start);
141
142                             for(j=0;j<N; j++)
143                             {
144                                     int2bit(buffbitt,N,LED);
```

```
145                                    for(i=N-1;i>=0; i--) printf("%d",
145                                    buffbitt[i]);
146                                    printf("\n");
147                                    LED = Mode8bits(k,Data, N);
148                                    Vitesse8bits(Vitesse);
149                                    Data = LED;
150                             }
151
152                      LED=Data=0xf3;
153                 }
154          }while(Start!=0);
155          printf("\nFin du programme");
156    }
157    /*
158    Résultats :
159              ***** Mode 0 *****
160              Vitesse d'affichage 1
161              La donnee d'entree 243
162              Entrez la valeur de Start : 1
163              11110011
164              01111001
165              00111100
166              00011110
167              00001111
168              00000111
169              00000011
170              00000001
171
172              ***** Mode 1 *****
173              Vitesse d'affichage 1
174              La donnee d'entree 243
175              Entrez la valeur de Start : 1
176              11110011
177              11100110
178              11001100
179              10011000
180              00110000
181              01100000
182              11000000
183              10000000
184
185              ***** Mode 2 *****
186              Vitesse d'affichage 1
187              La donnee d'entree 243
188              Entrez la valeur de Start : 1
189              11110011
190              11111001
191              11111100
192              01111110
193              00111111
194              10011111
195              11001111
196              11100111
197
198              ***** Mode 3 *****
```

```
199                Vitesse d'affichage 1
200                La donnee d'entree 243
201                Entrez la valeur de Start : 1
202                11110011
203                11100111
204                11001111
205                10011111
206                00111111
207                01111110
208                11111100
209                11111001
210
211                ***** Mode 4 *****
212                Vitesse d'affichage 1
213                La donnee d'entree 243
214                Entrez la valeur de Start : 0
215                11110011
216                00001100
217                11110011
218                00001100
219                11110011
220                00001100
221                11110011
222                00001100
223
224                Fin du programme
225      */
```

3.1.2 Le décodeur BCD 7 Segments

3.1.2.1 Le fonctionnement

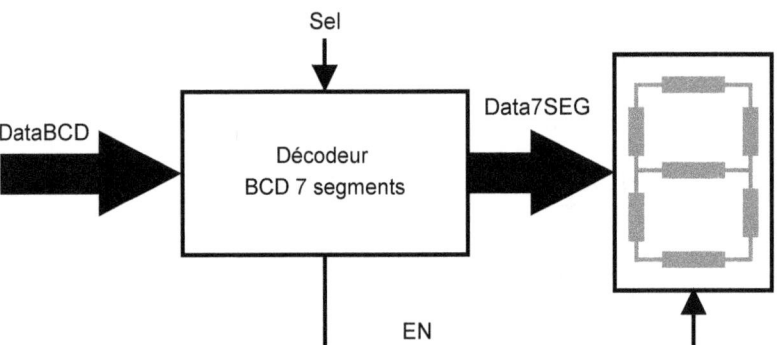

FIGURE 3.2 – Le décodeur BCD 7 Segments

Un décodeur est un circuit matériel ou logiciel qui permet le passage d'un code à un autre code. Le décodeur BCD 7 Segments, converti le code BCD sur 4 bits en 7 Segments (7 digits) compatible avec les afficheurs 7 segments. On distingue deux types d'afficheur : Afficheur à anode commune ou à cathode commune (figure 3.3).

Signaux du circuit :

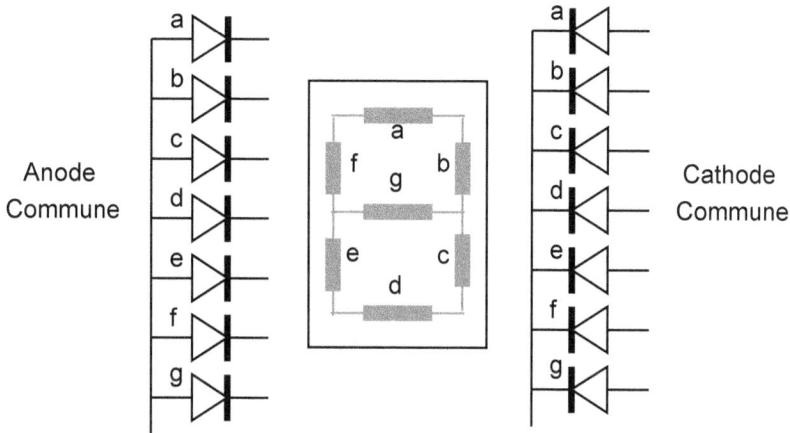

FIGURE 3.3 – L'afficheur anode ou cathode commune

- **DataBCD** : Entrée sur 4 bits en code BCD ;
- **Sel** : Entrée sur 1 bit de sélection du type de l'afficheur (anode commune '0', '1' pour cathode commune) ;
- **EN** : Sortie d'activation de l'afficheur ;
- **Data7SEG** : sortie sur 8 bits en codage 7 segments.

DataBCD	Data7SEG(CC)	Data7SEG(AC)
0	3F	C0
1	06	F9
2	5B	A4
3	4F	B0
4	66	99
5	6D	92
6	7D	82
7	07	F8
8	7F	80
9	6F	90

TABLE 3.1 – Décodeur BCD 7 Segments Anode/ Cathode commune

3.1.2.2 Le programme

La solution #1 :

```
001        #include <stdio.h>
002        #include <stdbool.h>
003        #include <math.h>
004
005        int i;
006
007        unsigned char BCDto7Seg(bool sel_0, bool EN_0, unsigned char DataBCD_0)
008        {
```

```
009               DataBCD_0 =DataBCD_0 & 0x0F;
010
011               if(EN_0)
012               {
013                       switch (DataBCD_0)
014                       {
015                               case 0 :
016                                       if (sel_0==0) return 0xC0;
017                                       else return 0x3F;
018                                       break;
019                               case 1 :
020                                       if (sel_0==0) return 0xF9;
021                                       else return 0x06;
022                                       break;
023                               case 2 :
024                                       if (sel_0==0) return 0xA4;
025                                       else return 0x5B;
026                                       break ;
027                               case 3 :
028                                       if (sel_0==0) return 0xB0;
029                                       else return 0x4F;
030                                       break;
031                               case 4 :
032                                       if (sel_0==0) return 0x99;
033                                       else return 0x66;
034                                       break;
035                               case 5 :
036                                       if (sel_0==0) return 0x92;
037                                       else return 0x6D;
038                                       break ;
039                               case 6 :
040                                       if (sel_0==0) return 0x82;
041                                       else return 0x7D;
042                                       break;
043                               case 7 :
044                                       if (sel_0==0) return 0xF8;
045                                       else return 0x07;
046                                       break ;
047                               case 8 :
048                                       if (sel_0==0) return 0x80;
049                                       else return 0x7F;
050                                       break;
051                               case 9 :
052                                       if (sel_0==0) return 0x90;
053                                       else return 0x6F;
054                                       break;
055                               default :
056                                       if (sel_0==0) return 0xC0;
057                                       else return 0x3F;
058                                       break;
059                       };
060               }
061       else
062               if (sel_0==0) return 0xC0;
063               else return 0x3F;
```

```
064        }
065
066
067        void main (void)
068        {
069                // Annode commune sel = 0
070                printf("Anode commune :\n");
071                for(i=0;i<10;i++)
072                {
073                        printf("7Seg(%d) = %0x\n",i,BCDto7Seg(0, 1, i));
074                }
075
076                // Cathode commune sel = 1
077                printf("Cathode commune :\n");
078                for(i=0;i<10;i++)
079                {
080                        printf("7Seg(%d) = %0x\n",i,BCDto7Seg(1, 1, i));
081                }
082
083                // Cathode commune sel = 1 & EN=0
084                printf("Cathode commune en mode off:\n");
085                for(i=0;i<10;i++)
086                {
087                        printf("7Seg(%d) = %0x\n",i,BCDto7Seg(1, 0, i));
088                }
089        }
090        /*
091        Résultats :
092                Anode commune :
093                7Seg(0) = c0
094                7Seg(1) = f9
095                7Seg(2) = a4
096                7Seg(3) = b0
097                7Seg(4) = 99
098                ...
099                Cathode commune :
100                7Seg(0) = 3f
101                7Seg(1) = 6
102                7Seg(2) = 5b
103                7Seg(3) = 4f
104                7Seg(4) = 66
105                ...
106                Cathode commune en mode off:
107                7Seg(0) = 3f
108                7Seg(1) = 3f
109                ...
110        */
```

La solution #2 :

```
01        #include <stdio.h>
02        #include <stdbool.h>
03        #include <math.h>
04        #define N 10
05
06        int i;
```

```
07      unsigned char BCDto7SEG_AC[N]={0xC0, 0xF9,
07      0xA4, 0xB0, 0x99, 0x92, 0x82, 0xF8, 0x80, 0x90};
08      unsigned char BCDto7SEG_CC[N]={0x3F, 0x06, 0x5B,
08      0x4F, 0x66, 0x6D, 0x7D, 0x07, 0x7F, 0x6F};
09
10      unsigned char BCDto7Seg(bool sel_0, bool EN_0, unsigned char DataBCD_0)
11      {
12              if(DataBCD_0>=0 && DataBCD_0 <=9)
13              {
14                      if(EN_0==1)
15                      {
16                              if(sel_0==0) return BCDto7SEG_AC[DataBCD_0];
17                              else return BCDto7SEG_CC[DataBCD_0];
18                      }
19                      else
20                      {
21                              if(sel_0==0) return BCDto7SEG_AC[0];
22                              else return BCDto7SEG_CC[0];
23                      }
24              }
25              else
26                      {
27                              if(sel_0==0) return BCDto7SEG_AC[0];
28                              else return BCDto7SEG_CC[0];
29                      }
30
31      }
32
33      void main (void)
34      {
35              // Annode commune sel = 0
36              printf("Anode commune :\n");
37              for(i=0;i<10;i++)
38              {
39                      printf("7Seg(%d) = %0x\n",i,BCDto7Seg(0, 1, i));
40              }
41
42              // Cathode commune sel = 1
43              printf("Cathode commune :\n");
44              for(i=0;i<10;i++)
45              {
46                      printf("7Seg(%d) = %0x\n",i,BCDto7Seg(1, 1, i));
47              }
48
49              // Cathode commune sel = 1 & EN=0
50              printf("Cathode commune en mode off:\n");
51              for(i=0;i<10;i++)
52              {
53                      printf("7Seg(%d) = %0x\n",i,BCDto7Seg(1, 0, i));
54              }
55      }
56      /*
57      Résultats :
58              Anode commune :
59              7Seg(0) = c0
```

```
60          7Seg(1) = f9
61          7Seg(2) = a4
62          7Seg(3) = b0
63          7Seg(4) = 99
64          ...
65          Cathode commune :
66          7Seg(0) = 3f
67          7Seg(1) = 6
68          7Seg(2) = 5b
69          7Seg(3) = 4f
70          7Seg(4) = 66
71          ...
72          Cathode commune en mode off:
73          7Seg(0) = 3f
74          7Seg(1) = 3f
75          ...
76      */
```

3.1.3 Le chronomètre 6 digits (1.1/10.1/100)

3.1.3.1 Le fonctionnement

Un chronomètre est défini comme étant un instrument qui permet la mesure précise du temps. Ce projet à comme objectif d'illustrer le fonctionnement d'un chronomètre 6 digits (99 :99 :99) en utilisant des afficheurs 7 segments. La valeur maximale d'un chronomètre est fixée par la fréquence du point faible (le premier digit à droite).

Un exemple :

- Si la période vaut 1/100s de la seconde (fréquence de 100 Hz), la valeur maximale du chronomètre vaut 10 000s = 100*100*100/100) ;
- Si la période est de 1s (fréquence de 1 Hz), la valeur maximale du chronomètre vaut 100*100*100/1=1.000.000s).

Le circuit de la figure 3.4 montre l'architecture globale du chronomètre. Le contrôleur sert à gérer les différents afficheurs 7 segments (activation et transferts de données).

Les signaux de contrôle :

- Start : Mise en marche du circuit ;
- Stop : Mise en arrêt du système ;
- Seg7Val : Donnée 7 segments ;
- EN_X : Entrées de validation des afficheurs 7 segments (CE : Chip Enable) ;
- PX : Points de séparation entre les afficheurs (en mode clignotement).

3.1.3.2 Le programme

```
001         #include <stdio.h>
002         #include <stdbool.h>
003         #include <stdlib.h>
004         #include <math.h>
005         #define N 10
006         #define NumAff 6
```

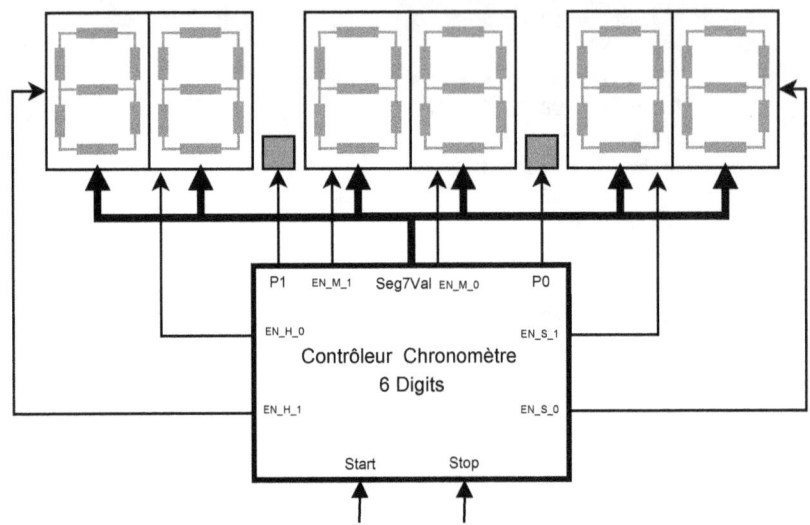

FIGURE 3.4 – Le chronomètre 6 digits

```
007        #define Max_10 10
008
009        unsigned char *Result7Segg;
010        int i,k=0;
011        unsigned char BCDto7SEG_AC[N]={0xC0, 0xF9,  0xA4, 0xB0, 0x99, 0x92, 0x82, 0xF8
012        unsigned short ModeChrono = 0;
013
014
015        struct Count6
016        {
017                unsigned char count_0_0;
018                unsigned char count_0_1;
019                unsigned char count_1_0;
020                unsigned char count_1_1;
021                unsigned char count_2_0;
022                unsigned char count_2_1;
023        }Count6_1;
024
025
026        // Fonction initialisation des compteurs
027        void InitCount(struct Count6 Count6_1)
028        {
029                Count6_1.count_0_1=0;
030                Count6_1.count_0_1=0;
031                Count6_1.count_1_0=0;
032                Count6_1.count_1_1=0;
033                Count6_1.count_2_0=0;
034                Count6_1.count_2_1=0;
035        }
036
037        struct Aff7Seg
038        {
039                unsigned short Data7Seg:8;
```

```
040                    unsigned short EN:1;
041        }SevSeg_0_0,SevSeg_0_1,SevSeg_1_0,SevSeg_1_1,SevSeg_2_0,SevSeg_2_1;
042
043        struct Point
044        {
045                bool P1;
046                bool P2;
047        }Points;
048
049        struct EnAff
050        {
051                bool EN_0_0;
052                bool EN_0_1;
053
054                bool EN_1_0;
055                bool EN_1_1;
056
057                bool EN_2_0;
058                bool EN_2_1;
059        }EN_X;
060
061        struct EnaBisContr
062        {
063                bool start;
064                bool stop;
065        }ActivContr;
066
067
068        void EnableControl(bool en_contr)
069        {
070                if(en_contr)
071                {
072                        ActivContr.start=1;
073                        ActivContr.stop=0;
074                }
075                else
076                {
077                        ActivContr.start=0;
078                        ActivContr.stop=1;
079                }
080        }
081        void InitENX(void)
082        {
083                EN_X.EN_0_0=0;
084                EN_X.EN_0_1=0;
085                EN_X.EN_1_0=0;
086                EN_X.EN_1_1=0;
087                EN_X.EN_2_0=0;
088                EN_X.EN_2_1=0;
089        }
089        // Activation des afficheurs 7 SEG
090        void EnableAff(unsigned char Num_affich)
091        {
092                switch(Num_affich)
093                {
```

```
094                        case 0 :
095                               InitENX();
096                               EN_X.EN_0_0=1;
097                               break;
098                        case 1 :
099                               InitENX();
100                               EN_X.EN_0_1=1;
101                               break;
102                        case 2 :
103                               InitENX();
104                               EN_X.EN_1_0=1;
105                               break;
106                        case 3:
107                               InitENX();
108                               EN_X.EN_1_1=1;
109                               break;
110                        case 4 :
111                               InitENX();
112                               EN_X.EN_2_0=1;
113                               break;
114                        case 5 :
115                               InitENX();
116                               EN_X.EN_2_1=1;
117                               break;
118                        default :
119                               InitENX();
120                               break;
121                }
122        }
123        // Décodeur BCD to 7 Ségments
124        unsigned char BCDto7Seg(unsigned char BCDValue)
125        {
126                if(BCDValue>=0 && BCDValue <=9)
127                        return BCDto7SEG_AC[BCDValue];
128                else
129                        return BCDto7SEG_AC[0];
130        }
131
132
133        // Temporisation de base
134        void delay_ms(unsigned long temps_ms)
135        {
136                unsigned long  a;
137                unsigned long  b;
138
139                for(b=0; b<temps_ms; b++)
140                {
141                        for(a=0; a<1e5; a++)
142                        {
143                                a++;
144                                a--;
145                        }
146                }
147        }
148
```

```
149        void ControllChrono(unsigned short mode_chro, unsigned char *Result7Seg)
150        {
151                // Activation du chronometre
152                EnableControl(mode_chro);
153
154                if(ActivContr.stop)
155                {
156                        // Initialisation des compteurs
157                        InitCount(Count6_1);
158
159                        // Transfers des données
160                        EnableAff(0);
161                        Result7Seg[0]= BCDto7Seg(Count6_1.count_0_0);
162                        EnableAff(1);
163                        Result7Seg[1]= BCDto7Seg(Count6_1.count_0_1);
164                        Points.P1=~ Points.P1; Points.P2=~ Points.P2;
165
166                        EnableAff(2);
167                        Result7Seg[2]= BCDto7Seg(Count6_1.count_1_0);
168                        EnableAff(2);
169                        Result7Seg[3]= BCDto7Seg(Count6_1.count_1_1);
170                        Points.P1=~ Points.P1; Points.P2=~ Points.P2;
171
172                        EnableAff(4);
173                        Result7Seg[4]= BCDto7Seg(Count6_1.count_2_0);
174                        EnableAff(5);
175                        Result7Seg[5]= BCDto7Seg(Count6_1.count_2_1);
176                        Points.P1=~ Points.P1; Points.P2=~ Points.P2;
177                }
178
179                if(ActivContr.start)
180                {
181                        // Transfers des données
182                        EnableAff(0);
183                        Result7Seg[0]= BCDto7Seg(Count6_1.count_0_0);
184                        EnableAff(1);
185                        Result7Seg[1]= BCDto7Seg(Count6_1.count_0_1);
186                        Points.P1=~ Points.P1; Points.P2=~ Points.P2;
187
188                        EnableAff(2);
189                        Result7Seg[2]= BCDto7Seg(Count6_1.count_1_0);
190                        EnableAff(2);
191                        Result7Seg[3]= BCDto7Seg(Count6_1.count_1_1);
192                        Points.P1=~ Points.P1; Points.P2=~ Points.P2;
193
194                        EnableAff(4);
195                        Result7Seg[4]= BCDto7Seg(Count6_1.count_2_0);
196                        EnableAff(5);
197                        Result7Seg[5]= BCDto7Seg(Count6_1.count_2_1);
198                        Points.P1=~ Points.P1; Points.P2=~ Points.P2;
199
200                        // Incrémentations et tests des différents compteurs
201                        Count6_1.count_0_0++;
202                        Count6_1.count_0_0=Count6_1.count_0_0 % Max_10;
203                        if( Count6_1.count_0_0==0)
```

```
204                              {
205                              Count6_1.count_0_1;
206                              Count6_1.count_0_1++;
207                              Count6_1.count_0_1=Count6_1.count_0_1 % Max_10;
208
209                              if( Count6_1.count_0_1==0)
210                              {
211                                      Count6_1.count_1_0++;
212                                      Count6_1.count_1_0=Count6_1.
212                                      count_1_0 % Max_10;
213                                      if( Count6_1.count_1_0==0)
214                                      {
215                                              Count6_1.count_1_1++;
216                                              Count6_1.count_1_1=Count6_1.
216                                              count_1_1 % Max_10;
217                                              if( Count6_1.count_1_1==0)
218                                              {
219                                                      Count6_1.count_2_0++;
220                                                      Count6_1.count_2_0=Count6_1.
220                                                      count_2_0 % Max_10;
221                                                      if( Count6_1.count_2_0==0)
222                                                      {
223                                                      Count6_1.count_2_1++;
224                                                      Count6_1.count_2_1=Count6_1.
224                                                      count_2_1 % Max_10;
225                                                      }
226                                                      else
227                                                      {
228                                                              InitCount(Count6_1);
229                                                      }
230
231                                              }
232
233                                      }
234                              }
235                              }
236                      }
237      }
238      void main (void)
239      {
240              Result7Segg = (unsigned char *)calloc(NumAff,
240              sizeof(unsigned char));
241              InitCount(Count6_1);
242              i=0;
243              while(k!=30)
244              {
245                      ControllChrono(1, Result7Segg);
246                      delay_ms(1000);
247                      printf("%d : %x%x.%x%x.%x%x\n",i,
247                      Result7Segg[NumAff-1],
247                      Result7Segg[NumAff-2],
248                      Result7Segg[NumAff-3],Result7Segg[NumAff-4],
248                      Result7Segg[NumAff-5],Result7Segg[NumAff-6]);
249                      i++;
250                      i%=N;
```

```
251                    k++;
252              }
253        }
254        /*
255        Résultats :
256              0 : c0c0.c0c0.c0c0
257              1 : c0c0.c0c0.c0f9
258              2 : c0c0.c0c0.c0a4
259              3 : c0c0.c0c0.c0b0
260              4 : c0c0.c0c0.c099
261              5 : c0c0.c0c0.c092
262              6 : c0c0.c0c0.c082
263              7 : c0c0.c0c0.c0f8
264              8 : c0c0.c0c0.c080
265              9 : c0c0.c0c0.c090
266              0 : c0c0.c0c0.f9c0
267              1 : c0c0.c0c0.f9f9
268              2 : c0c0.c0c0.f9a4
269              3 : c0c0.c0c0.f9b0
270              4 : c0c0.c0c0.f999
271              5 : c0c0.c0c0.f992
272              6 : c0c0.c0c0.f982
273              7 : c0c0.c0c0.f9f8
274              8 : c0c0.c0c0.f980
275              9 : c0c0.c0c0.f990
276              0 : c0c0.c0c0.a4c0
277              1 : c0c0.c0c0.a4f9
278              2 : c0c0.c0c0.a4a4
279              3 : c0c0.c0c0.a4b0
280              4 : c0c0.c0c0.a499
281              5 : c0c0.c0c0.a492
282              6 : c0c0.c0c0.a482
283              7 : c0c0.c0c0.a4f8
284              8 : c0c0.c0c0.a480
285              9 : c0c0.c0c0.a490
286              ...
287        */
```

3.1.4 La commande d'un moteur pas à pas

3.1.4.1 Le fonctionnement

Les objectifs du projet :

- Comprendre le principe de fonctionnement d'un moteur pas à pas ;
- Comprendre le fonctionnement d'un circuit driver du courant(Ex : ULN2003) ;
- Savoir implémenter la commande d'un moteur pas à pas en langage C dans une cible embarquée (microcontrôleur, microprocesseur,...) ;
- Savoir modifier le sens et la vitesse d'un moteur pas à pas ;
- Autres astuces de programmation.

Le projet consiste à la commande d'un moteur pas à pas à 4 phases en utilisant le driver ULN2003 pour booster le courant dans les phases du moteur. Le contrôleur du moteur (3.6) génère les signaux de commande du moteur pas à pas (8 commandes/tour) cadencés

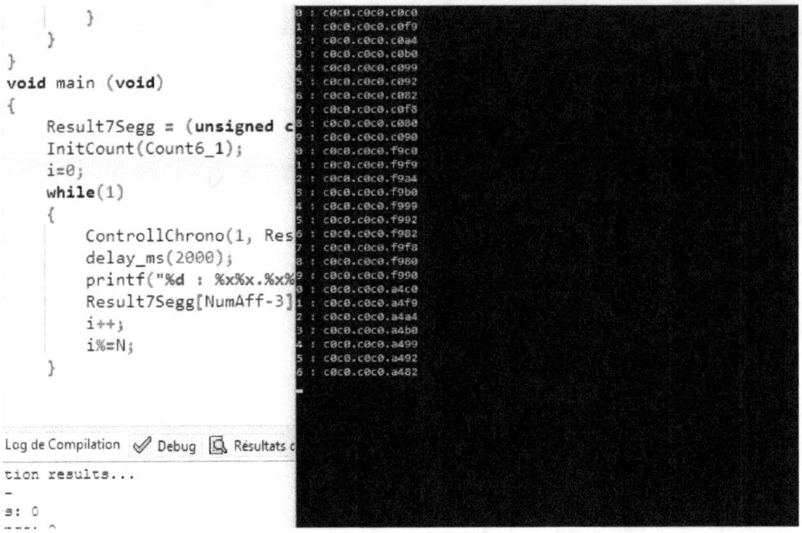

FIGURE 3.5 – La simulation du chronomètre

par une fréquence fixée par l'utilisateur.

Le tableau ci-dessous (figure 3.2) illustre les signaux de commande en mode demi-pas. Pour changer le sens rotation, il suffit juste d'inverser la séquence des commandes [1 9 8 12 4 6 2 3] au lieu de [1 3 2 6 4 12 8 9].

Front d'horloge	Commande 4 phases (ABCD)
1	0001(x1)
2	0011(x3)
3	0010(x2)
4	0110(x6)
5	0100(x4)
6	1100(xc)
7	1000(x8)
8	1001(x9)

TABLE 3.2 – Commande en demi-pas d'un moteur pas à pas dans le sens horaire

Le circuit contient deux Led bleue et rouge pour indiquer le sens de rotation du moteur. Led1 pour le sens 1 et Led2 pour le sens 2 de rotation.

Vous pouvez changer la vitesse de rotation du moteur en changeant la fréquence de cadencement des commandes (Freq= 1/Delay_ms, voir le programme).

3.1.4.2 Le programme

```
001        #include <stdio.h>
002        #include <stdbool.h>
003        #include <stdlib.h>
004        #define N 8
```

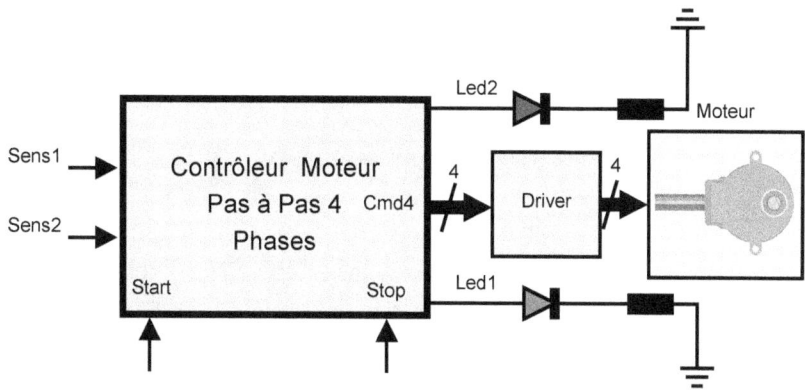

FIGURE 3.6 – Le controlleur d'un moteur pas à pas à 4 phases

```
005        #define NumPhase 4
006
007        unsigned char  *BuffPhase;
008        unsigned char CmdDemiPas_sens1[N]={1, 3, 2, 6, 4, 12, 8, 9};
009        unsigned char CmdDemiPas_sens2[N]={9, 8, 12, 4, 6, 2, 3, 1};
010
011        // Conversion int to bit
012        void int2bit( unsigned char  *buffer, int taille,  unsigned char  val)
013        {
014                int i ;
015                for(i=0;i<taille; i++)
016                {
017                        buffer[i]= val & 0x01;
018                        val= val >> 0x01;
019                }
020        }
021
022        struct Phase4
023        {
024                unsigned char P1:1;
025                unsigned char P2:1;
026                unsigned char P3:1;
027                unsigned char P4:1;
028        }Phase4_1;
029
030        struct ControlMot
031        {
032                unsigned char Start:1;
033                unsigned char Stop:1;
034                unsigned char Sens1:1;
035                unsigned char Sens2:1;
036                unsigned char Led1:1;
037                unsigned char Led2:1;
038        }ControlMot1;
039
040        // Temporisation de base
041        void delay_ms(unsigned long temps_ms)
042        {
```

```
043                     unsigned long  a;
044                     unsigned long  b;
045
046                     for(b=0; b<temps_ms; b++)
047                     {
048                             for(a=0; a<1e5; a++)
049                             {
050                                     a++;
051                                     a--;
052                             }
053                     }
054             }
055
056             // Initialisation à 0 des commandes des phases
057             void InitCmd(struct Phase4 Phase4_1)
058             {
059                     Phase4_1.P1=0;
060                     Phase4_1.P2=0;
061                     Phase4_1.P3=0;
062                     Phase4_1.P4=0;
063             }
064
065             void CmdSensMot(unsigned long num_periode_ms,
065             struct ControlMot ControlMot1)
066             {
067                     int i;
068                     BuffPhase = (unsigned char *)calloc(NumPhase,
068                     sizeof(unsigned char));
069                     // Prioritée au sens 1 de rotation
070                     if(ControlMot1.Start)
071                     {
072                             if(ControlMot1.Sens1 ==1)
073                             {
074                             ControlMot1.Led1=1;
075                             ControlMot1.Led2=0;
076                             for(i=0;i<N;i++)
077                             {
078                             int2bit(BuffPhase, NumPhase, CmdDemiPas_sens1[i]);
079
080                             Phase4_1.P1=BuffPhase[0];
081                             Phase4_1.P2=BuffPhase[1];
082                             Phase4_1.P3=BuffPhase[2];
083                             Phase4_1.P4=BuffPhase[3];
084
085                             printf("SENS1 = %d, SENS2 = %d, LED1 = %d, LED2= %d,
086                             %d%d%d%d\n",ControlMot1.Sens1,ControlMot1.Sens2,
087                             ControlMot1.Led1,ControlMot1.Led2,BuffPhase[3],
088                             BuffPhase[2],BuffPhase[1],BuffPhase[0]);
089
090                             delay_ms(num_periode_ms);
091                             }
092                     }
093                     if(ControlMot1.Sens2==1)
094                     {
095                     ControlMot1.Led1=0;
```

```
096                             ControlMot1.Led2=1;
097                             for(i=0;i<N;i++)
098                             {
099                             int2bit(BuffPhase, NumPhase, CmdDemiPas_sens2[i]);
100
101                             Phase4_1.P1=BuffPhase[0];
102                             Phase4_1.P2=BuffPhase[1];
103                             Phase4_1.P3=BuffPhase[2];
104                             Phase4_1.P4=BuffPhase[3];
105
106                             printf("SENS1 = %d, SENS2 = %d, LED1 = %d, LED2= %d,
107                             %d%d%d%d\n",ControlMot1.Sens1,ControlMot1.Sens2,
108                             ControlMot1.Led1,ControlMot1.Led2,BuffPhase[3],
109                             BuffPhase[2],BuffPhase[1],BuffPhase[0]);
110
111                             delay_ms(num_periode_ms);
112                             }
113                             }
114                             if((ControlMot1.Sens1 == 0 && ControlMot1.Sens2==0 )||
115                             (ControlMot1.Sens1==1 && ControlMot1.Sens2==1 ))
116                             {
117                                     ControlMot1.Led1 = 0;
118                                     ControlMot1.Led2 = 0;
119                             }
120                     }
121             free(BuffPhase);
122             ControlMot1.Led1 = 0;
123             ControlMot1.Led2 = 0;
124
125     }
126
127     void main (void)
128     {
129             // Premie pas
130             ControlMot1.Sens1=1;
131             ControlMot1.Sens2=0;
132             ControlMot1.Start=1;
133             ControlMot1.Stop=0;
134             CmdSensMot(100,ControlMot1);
135
136             printf("\n");
137
138             ControlMot1.Sens1=0;
139             ControlMot1.Sens2=1;
140             ControlMot1.Start=1;
141             ControlMot1.Stop=0;
142             CmdSensMot(100,ControlMot1);
143
144             printf("\n");
145
146             ControlMot1.Sens1=0;
147             ControlMot1.Sens2=0;
148             ControlMot1.Start=0;
149             ControlMot1.Stop=0;
150             CmdSensMot(100,ControlMot1);
```

```
151
152        }
153        /*
154        Résultats :
155              SENS1 = 1, SENS2 = 0, LED1 = 1, LED2= 0, 0001
156              SENS1 = 1, SENS2 = 0, LED1 = 1, LED2= 0, 0011
157              SENS1 = 1, SENS2 = 0, LED1 = 1, LED2= 0, 0010
158              SENS1 = 1, SENS2 = 0, LED1 = 1, LED2= 0, 0110
159              SENS1 = 1, SENS2 = 0, LED1 = 1, LED2= 0, 0100
160              SENS1 = 1, SENS2 = 0, LED1 = 1, LED2= 0, 1100
161              SENS1 = 1, SENS2 = 0, LED1 = 1, LED2= 0, 1000
162              SENS1 = 1, SENS2 = 0, LED1 = 1, LED2= 0, 1001
163
164              SENS1 = 0, SENS2 = 1, LED1 = 0, LED2= 1, 1001
165              SENS1 = 0, SENS2 = 1, LED1 = 0, LED2= 1, 1000
166              SENS1 = 0, SENS2 = 1, LED1 = 0, LED2= 1, 1100
167              SENS1 = 0, SENS2 = 1, LED1 = 0, LED2= 1, 0100
168              SENS1 = 0, SENS2 = 1, LED1 = 0, LED2= 1, 0110
169              SENS1 = 0, SENS2 = 1, LED1 = 0, LED2= 1, 0010
170              SENS1 = 0, SENS2 = 1, LED1 = 0, LED2= 1, 0011
171              SENS1 = 0, SENS2 = 1, LED1 = 0, LED2= 1, 0001
172        */
```

3.1.5 La manipulation d'une trame de données

3.1.5.1 Le fonctionnement

Une trame de données est utilisée pour stocker et transférer des tableaux de données. Elle est plus utilisée dans les systèmes de télécommunication et transmission de données. Elle est constituée de plusieurs champs et transmise sous forme de bits (figure 3.7).

FIGURE 3.7 – Le format de la trame

On prend l'exemple de la trame Ethernet : Le premier champs est l'en-tête de la trame (ou préambule) sur 7 octets et qui sert à la synchronisation du signal binaire au niveau du récepteur : Le délimiteur est sur 1 octet pour signaler le début des informations de la trame, l'adresse de destination (6 octets), l'adresse source (6 octets), les données (taille maximale 1500 octets) et le CRC (4 octets) qui est le dernier champs.

C'est quoi le champs CRC ?

Le champ d'erreur CRC (Cyclic Redundancy Check) indique que certaines données dans la trame est endommagé (erreur de transmission). CRC signifie le contrôle de la redondance cyclique. L'émetteur effectue le calcul du champ CRC sur N bits à partir de toutes les données pour gagner en précision. Le champ CRC vaut le reste de la division euclidienne de la donnée sur un polynôme CRC (Ex : Polynôme de CRC sur 4 bits 1100).

Au niveau du récepteur, le système reçoit la donnée + le champ CRC à la fin de la trame. Pour détecter une erreur au niveau de la transmission, le récepteur effectue le travail inverse : Il prend la nouvelle donnée reçue (donnée + CRC) et il la devise par le polynôme générateur. Le résultat de la division est non nul en cas d'erreur.

Note : Le champs CRC détecte un défaut de transmission, mais ne corrige pas l'erreur.

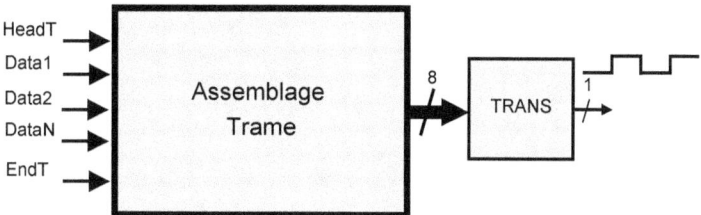

FIGURE 3.8 – Le simulateur d'un transmetteur d'une trame de données

Dans notre projet, on va étudier une trame au niveau des trois champs suivants (figure3.8) :

- L'en-tète (Header ou préambule) : Sur N octets (chaine de caractère) ;
- Les données : Sur M octets (chaine de caractère) ;
- Fin de trame : Sur P octets (chaine de caractère).

Les trois champs ont des tailles dynamiques et peuvent être ajustés par l'utilisateur. La partie assemblage de la trame, concatène les différents champs sous la forme suivant : HeaderDataEnd.

Le transmetteur converti la trame du format caractère (8 bits) en format binaire (1 bit).

3.1.5.2 Le programme

```
1          #include <stdio.h>
2          #include <stdbool.h>
3          #include <stdlib.h>
4          #include <string.h>
5          #include <math.h>
6          #define N 256
7          #define NumBit 8
8
9          /*struct TramE
10         {
11                 unsigned Header_LSB;
12                 unsigned Header_MSB;
13                 unsigned char Data_1;
14                 unsigned char Data_2;
15                 unsigned char Data_3;
```

```
16              unsigned char Data_4;
17              unsigned char EndT;
18        }TrameStr;*/
19
20
21        unsigned char MessageStr[N];
22        unsigned char MessageChar[N];
23        unsigned char HeadT[]="AA";
24        unsigned char Data1[]="1254";
25        unsigned char Data2[]="1254";
26        unsigned char Data3[]="999999";
27        unsigned char Data4[]="999999";
28        unsigned char EndT[]="33";
29
30        unsigned char *Trame;
31
32        int i,j;
33        int t0;
34
35        // Conversion string to char
36        unsigned int String2Int(unsigned char *Mess, unsigned char *out_int)
37        {
38              int i=0;
39              for(i=0;i<strlen(Mess);i++)
40                    out_int[i]= Mess[i];
41
42              return strlen(Mess);
43        }
44
45        // Conversion int to bit
46        void int2bit( unsigned char  *buffer, int taille,  unsigned char  val)
47        {
48              int i ;
49              for(i=0;i<taille; i++)
50              {
51                    buffer[i]= val & 0x01;
52                    val= val >> 0x01;
53              }
54        }
55
56        // Conversion bit to int
57        unsigned short int bit2int(unsigned char *buffer, int taille)
58        {
59              unsigned char val =0x00;
60              int i ;
61              for(i=0;i<taille; i++)
62              {
63                    if(buffer[i]) val+= pow(2,i);
64              }
65
66              return val;
67        }
68
69        // Temporisation de base
70        void delay_ms(unsigned long temps_ms)
```

```
71          {
72                  unsigned long  a;
73                  unsigned long  b;
74
75                  for(b=0; b<temps_ms; b++)
76                  {
77                          for(a=0; a<1e5; a++)
78                          {
79                                  a++;
80                                  a--;
81                          }
82                  }
83          }
84
85
86          void MessEnBits(unsigned char *MesChar, int taille,
86          int numbit, unsigned char *TrameBits)
87          {
88                  int i=0;
89                  int j=0 ;
90                  unsigned char val0;
91                  unsigned char *buff;
92
93                  buff =(unsigned char *)calloc(NumBit,sizeof(unsigned char));
94                  for(i=0;i<taille; i++)
95                  {
96                          val0=MesChar[i];
97                          int2bit( buff,numbit,val0);
98
99                          for(j=0;j<numbit;j++)
100                                 TrameBits[j*taille + i]=buff[j];
101                 }
102
103                 free(buff);
104         }
105
106
107         void main (void)
108         {
109                 // Assemblage de la trame
110                 // HeadTData1Data2Data3Data4EndT
111                 strcat(MessageStr,HeadT);
112                 strcat(MessageStr,Data1);
113                 strcat(MessageStr,Data2);
114                 strcat(MessageStr,Data3);
115                 strcat(MessageStr,Data4);
116                 strcat(MessageStr,EndT);
117
118                 //Conversion de trame d'une chaîne de
119                 // Caractère à un buffer de taille N sur 8 bits
120                 t0=String2Int(MessageStr, MessageChar);
121
122                 // Allocation dynamique de la trame binaire
123                 Trame = (unsigned char *)calloc(t0*NumBit,sizeof(unsigned char));
124
```

```
125                 // Convertir la trame en format binaire
126                 MessEnBits(MessageChar, t0,NumBit, Trame);
127
128                 // Affichage
129                 printf("\nNombre d'octets = %d\n",t0);
130
131                 printf("\n------------------\n");
132                 for(i=0;i<t0;i++)
133                 {
134                         printf("%c",MessageChar[i]);
135                 }
136
137                 printf("\n------------------\n");
138                 for(i=0;i<t0;i++)
139                 {
140                         for(j=NumBit-1;j>=0;j--)
141                                 printf("%d",Trame[j*t0 + i]);
142                         printf("\n");
143                 }
144
145                 printf("\n------------------\n");
146
147                 for(i=0;i<t0;i++)
148                 {
149                         for(j=NumBit-1;j>=0;j--)
150                                 printf("%d",Trame[j*t0 + i]);
151                 }
152
153                 free(Trame);
154
155         }
156         /*
157     Résultats :
158             Nombre d'octes = 24
159             ------------------
160             AA12541254999999999999933
161             ------------------
162             01000001
163             01000001
164             00110001
165             00110010
166             00110101
167             00110100
168             00110001
169             00110010
170             00110101
171             00110100
172             00111001
173             00111001
174             00111001
175             00111001
176             00111001
177             00111001
178             00111001
179             00111001
```

```
180             00111001
181             00111001
182             00111001
183             00111001
184             00110011
185             00110011
186             ------------------
187             0100000101000001001100010011001000110101001101000011
188             0001001100100011010100110100001110010011100100111001
189             0011100100111001001110010011100100111001001110010011
190             100100111001001110010011001100110011
191      */
```

3.1.6 Le générateur des signaux

3.1.6.1 Le fonctionnement

Cet exemple montre comment développer un générateur de forme d'onde simple sur 8 bits (convertisseur numérique analogique - CNA)(figure 3.9).

Avec l'entrée de sélection Sel, vous serez en mesure de choisir une forme d'onde (carré, sinus, cosinus ou un signal aléatoire) sur le canal de sortie (SigV).

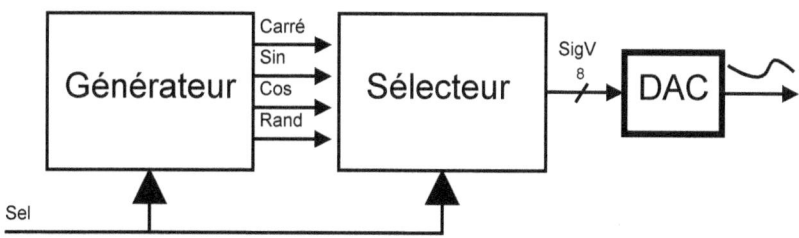

FIGURE 3.9 – Architecture générateur des signaux

Chaque période du signal, est constituée de 128 échantillons, à l'exception du signal carré (64 périodes pour 128 échantillons).

Dans la partie programme, la fréquence d'échantillonnage est fixée par une temporisation de 1 ms (Fréquence de 1 KHz). Cette dernière, est intercalée entre la récupération d'un échantillon dans la mémoire et l'envoie de l'échantillon au convertisseur.

Affichage des signaux :

3.1.6.2 Le programme

```c
1       #include <stdio.h>
2       #include <stdlib.h>
3       #include <string.h>
4       #include <math.h>
5       #define NumSamp 128
6       #define LenSamp 8
7       #define MaxVal 255
```

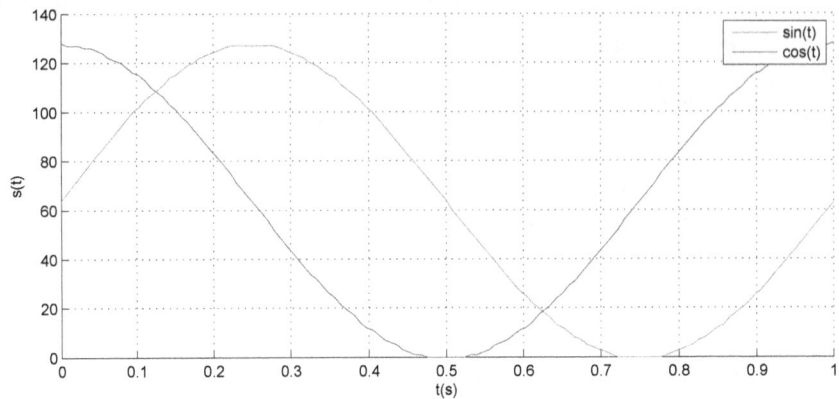

FIGURE 3.10 – L'affichage des signaux sin(t) et cos(t)

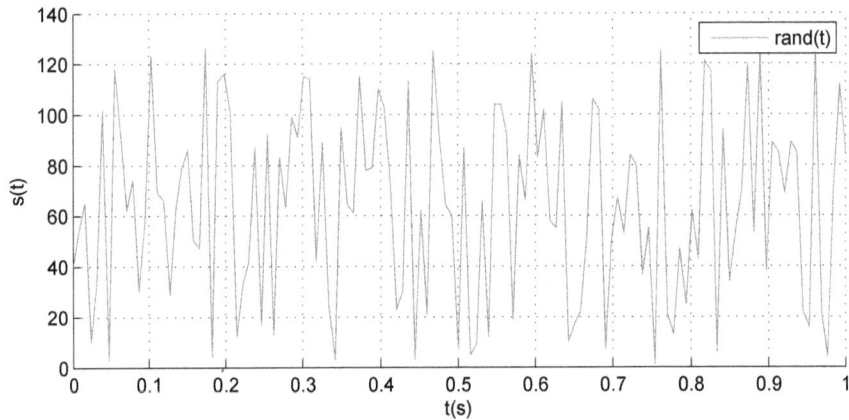

FIGURE 3.11 – L'affichage du signal aléatoire rand(t)

```
8       #define PI 3.1416
9
10      unsigned char *SigV;
11      unsigned int Sel;
12
13      void SigGen(unsigned int TypeSig, unsigned
13      char *sig_out, unsigned int taille)
14      {
15              int i ;
16              switch (TypeSig)
17              {
18                      // Carré
19                      case 0 :
20                              for(i=0;i<taille;i++)
21                              {
22                                      if(i%2) sig_out[i]=MaxVal;
23                                      else sig_out[i]=0;
24                              }
```

```
25                              break;
26
27                      // sin
28                      case 1 :
29                              for(i=0;i<taille;i++)
30                                      sig_out[i]=(unsigned char )floor((sin(2*
31                                      PI*i/(NumSamp-1)+1.0)/2.0)*128.0);
32                              break;
33
34                      // cos
35                      case 2 :
36                              for(i=0;i<taille;i++)
37                                      sig_out[i]=(unsigned char )floor((cos(2*
38                                      PI*i/(NumSamp-1.0)+1.0)/2.0)*128.0);
39                              break;
40
41                      // rand
42                      case 3 :
43                              for(i=0;i<taille;i++)
44                                      sig_out[i]=(unsigned char)rand() %
45                                      (NumSamp-1);
46                              break;
47
48                      // Autres
49                      default :
50                              break;
51              };
52      }
53
54      // Temporisation de base
55      void delay_ms(unsigned long temps_ms)
56      {
57              unsigned long  a;
58              unsigned long  b;
59
60              for(b=0; b<temps_ms; b++)
61              {
62                      for(a=0; a<1e5; a++)
63                      {
64                              a++;
65                              a--;
66                      }
67              }
68      }
69
70      void main (void)
71      {
72              time_t t;
73          int i;
74              // Initialisation du génerateur aléatoire
75              srand((unsigned) time(&t));
76              // Allocation du buffer du signal
77              SigV = (unsigned char *)calloc(NumSamp, sizeof(unsigned char));
78
79              Sel=0;
```

```
80                SigGen(Sel, SigV, NumSamp);
81                printf("\n\n***** CARRE *****\n\n");
82                for(i=0; i<NumSamp; i++)
83                {
84                        printf("%d ",SigV[i]);
85                        delay_ms(1);
86                }
87
88                Sel=1;
89                SigGen(Sel, SigV, NumSamp);
90                printf("\n\n***** SIN *****\n\n");
91                for(i=0; i<NumSamp; i++)
92                {
93                        printf("%d ",SigV[i]);
94                        delay_ms(1);
95                }
96
97                Sel=4;
98                SigGen(Sel, SigV, NumSamp);
99                printf("\n\n***** RAND *****\n\n");
100               for(i=0; i<NumSamp; i++)
101               {
102                       printf("%d ",SigV[i]);
103                       delay_ms(1);
104               }
105               free(SigV);
106
107       }
108       /*
109       Résultats :
110       ***** CARRE *****
111
112       0 255 0 255 0 255 0 255 0 255 0 255 0 255
113       0 255 0 255 0 255 0 255 0 255 0 255 0 255
114       ...
115
116       ***** SIN *****
117
118       53 55 57 58 59 60 61 62 63 63 63 63 63 63 63 63
119       62 61 60 59 58 57 55 53 52 50 48 46 43 41 39
120       36 33 31 28 25 22 19 16 13 10 7 4 0 253 250 247
121       244 241 238 235 232 229 226 223 220 218 215 213
122       211 208 206 204 203 201 199 198 196 195 194 193
123       193 192 192 192 192 192 192 192 193 193 194 195
124       196 198 199 201 202 204 206 208 210 213 215 218
125       220 223 226 229 231 234 237 240 244 247 250 253
126       0 3 6 10 13 16 19 22 25 28 30 33 36 38 41 43 46
127       48 50 52 53
128
129       ***** RAND *****
130
131       53 55 57 58 59 60 61 62 63 63 63 63 63 63 63
132       63 62 61 60 59 58 57 55 53 52 50 48 46 43 41
133       39 36 33 31 28 25 22 19 16 13 10 7 4 0 253
134       250 247 244 241 238 235 232 229 226 223 220
```

```
135        218 215 213 211 208 206 204 203 201 199 198
136        196 195 194 193 193 192 192 192192 192 192
137        192 193 193 194 195 196 198 199 201 202 204
138        206 208 210 213 215 218 220 223 226 229 231
139        234 237 240 244 247 250 253 0 3 6 10 13 16
140        19 22 25 28 30 33 36 38 41 43 46 48 50 52 53
141        */
```

3.1.7 Le filtre lisseur du signal

3.1.7.1 Le fonctionnement

Ce filtre lisseur, part du principe que la valeur d'un signal est relativement similaire à son voisinage. Il fait donc en sorte que chaque valeur du signal est peut être remplacé par la moyenne pondérée de ses valeurs précédentes. Si on applique un filtre moyenneur de taille N=10, cela signifie qu'on additionne toutes les valeurs précédentes de la valeur courante traitée. Ensuite, on devise par la taille du filtre. Le principe du filtre, est exprimé par la formule suivante :

$$s_t(t) = \frac{1}{N} \Sigma_1^N s(t-i), i[1..N]$$

Un exemple : On considère un morceau du signal constitué de 10 échantillons passés. La valeur moyenne sur 10 échantillons à l'instant actuel, correspond à l'application de la formule ci-dessus.

```
s(t)=[10.2, 10, 10.5, 10.6, 10.4, 10.8,10.12,10,11], N=10
s_m(t) = (10.2+10+10.5+10.6+10.4+10.8+10.12+10+11)/10= 9.36
```

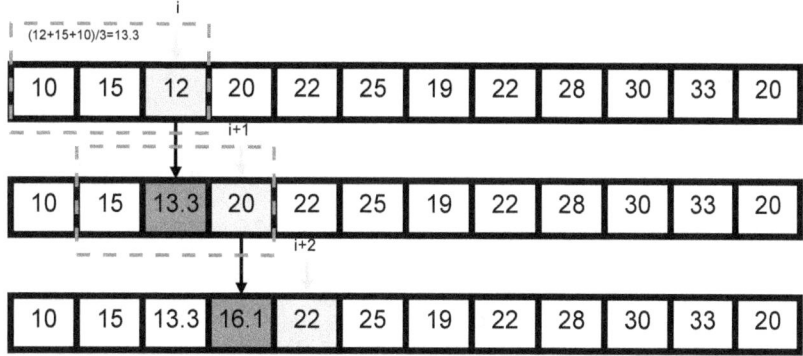

FIGURE 3.12 – Le principe du filtrage moyen

Le filtre moyenneur permet de remplacer à chaque itération (figure 3.12) la valeur de la case actuelle par la moyenne de cette dernière et les N-1 cases précédentes.

Note : Pour que le filtre fonctionne correctement, il faut un retard de N-1 échantillons. Par exemple, si le filtre est de taille N= 10, il faut attendre l'arrivé de 10 échantillons avant d'effectuer la moyenne du buffer.

3.1.7.2 Le programme

```
1          #include <stdio.h>
2          #include <stdlib.h>
3          #include <string.h>
4          #include <math.h>
5          #define MaxVal 255
6          #define PI 3.1416
7          #define NumSamp 32
8          #define NFiltre 4
9
10
11         float Sig_t[NumSamp] ;
12         float Noise_t[NumSamp] ;
13         float SigNoise_t[NumSamp] ;
14         float SigMean_t[NumSamp] ;
15
16         // Générateur des signaux (sin, cos, ...)
17         void SigGen(unsigned int TypeSig, float *sig_out, unsigned int taille)
18         {
19               int i ;
20               switch (TypeSig)
21               {
22                     // Carré
23                     case 0 :
24                           for(i=0;i<taille;i++)
25                           {
26                                 if(i%2) sig_out[i]=MaxVal;
27                                 else sig_out[i]=0;
28                           }
29                           break;
30
31                     // sin
32                     case 1 :
33                           for(i=0;i<taille;i++)
34                                 sig_out[i]=floor((sin(2*PI*i/(NumSamp-1)
34                                 +1.0)/2.0)*128.0);
35                           break;
36
37                     // cos
38                     case 2 :
39                           for(i=0;i<taille;i++)
40                                 sig_out[i]=floor((cos(2*PI*i/(NumSamp-1.0)
40                                 +1.0)/2.0)*128.0);
41                           break;
42
43                     // rand
44                     case 3 :
45                           for(i=0;i<taille;i++)
46                                 sig_out[i]=(float)(rand() %
46                                 (NumSamp-1));
47                           break;
48
49                     // Autres
50                     default :
```

```
51                        break;
52              };
53      }
54
55      // Mixage signal + bruit
56      void MixSigNoise(float *sig_in, float *noise_in,
56      float *sig_noise_out, unsigned int taille )
57      {
58              int i;
59              for(i=0;i<taille; i++)
60              {
61                      sig_noise_out[i]=sig_in[i]+noise_in[i];
62              }
63      }
64
65      // Initialisation du buffer à une valur
66      void SetValue(float *sig_in, unsigned int taille, float value)
67      {
68              int i;
69              for(i=0;i<taille; i++)
70              {
71                      sig_in[i]=value;
72              }
73      }
74
75      // Calcul du filtre moyenneur
76      void MeanSig(float *sig_in,unsigned int taille,
76      unsigned int N_filtre,float *sig_out )
77      {
78              int i,j;
79              float somme =0.0;
80              for(i=N_filtre-1;i<taille; i++)
81              {
82                      for (j=0;j<N_filtre; j++)
83                              somme+=sig_in[i-j];
84
85                      sig_out[i]=somme/N_filtre;
86                      somme=0.0;
87              }
88
89      }
90      void main (void)
91      {
92              time_t t;
93              unsigned int Sel;
94              int i;
95
96              // Affécter la valeur 10 au vecteur signal
97              SetValue(Sig_t,NumSamp,10.0);
98              // Affécter la valeur 10 au vecteur bruit
99              SetValue(Noise_t,NumSamp,10.0);
100             // Mixage de deux signaux (brauit + signal)
101             MixSigNoise(Sig_t,Noise_t, SigNoise_t,NumSamp );
102             // Calcul de la valeur moyenne
103             MeanSig(SigNoise_t,NumSamp,NFiltre, SigMean_t);
```

```
104
105                    // Affichage
106                    for(i=0;i<NumSamp;i++)
107                    printf("%.1f ",Sig_t[i] );
108
109                    printf("\n\n");
110                    for(i=0;i<NumSamp;i++)
111                    printf("%.1f ",Noise_t[i] );
112
113                    printf("\n\n");
114                    for(i=0;i<NumSamp;i++)
115                    printf("%.1f ",SigMean_t[i] );
116
117                    printf("\n\n");
118
119                    // Initialisation du génerateur aléatoire
120                    srand((unsigned) time(&t));
121
122                    // Génération du signal sinus
123                    Sel=2;
124                    SigGen(Sel, Sig_t, NumSamp);
125                    // Génération du bruit
126                    Sel=3;
127                    SigGen(Sel, Noise_t, NumSamp);
128                    // Signal + Bruit
129                    MixSigNoise(Sig_t,Noise_t, SigNoise_t,NumSamp );
130
131                    // Filtrage du bruit
132                    MeanSig(SigNoise_t,NumSamp,NFiltre, SigMean_t);
133
134                    // Affichage =
135                    for(i=0;i<NumSamp;i++)
136                    printf("%.1f ",SigNoise_t[i] );
137
138                    printf("\n\n");
139                    for(i=0;i<NumSamp;i++)
140                    printf("%.1f ",SigMean_t[i] );
141        }
142        /*
143        Résultats :
144                    10.0 10.0 10.0 10.0 10.0 10.0 10.0 10.0 10.0 10.0 10.0
145                    10.0 10.0 10.0 10.0 10.0 10.0 10.0 10.0 10.0 10.0 10.0
146                    10.0 10.0 10.0 10.0 10.0 10.0 10.0 10.0 10.0
147
148                    10.0 10.0 10.0 10.0 10.0 10.0 10.0 10.0 10.0 10.0 10.0
149                    10.0 10.0 10.0 10.0 10.0 10.0 10.0 10.0 10.0 10.0 10.0
150                    10.0 10.0 10.0 10.0 10.0 10.0 10.0 10.0 10.0 10.0
151
152                    0.0 0.0 0.0 20.0 20.0 20.0 20.0 20.0 20.0 20.0 20.0 20.0
153                    20.0 20.0 20.0 20.0 20.0 20.0 20.0 20.0 20.0 20.0 20.0
154                    20.0 20.0 20.0 20.0 20.0 20.0 20.0 20.0 20.0
155
156                    50.0 29.0 23.0 26.0 1.0 -1.0 -33.0 -19.0 -51.0 -53.0
157                    -49.0 -35.0 -50.0 -31.0 -21.0 -25.0 -1.0 -14.0 15.0 26.0
158                    30.0 36.0 65.0 60.0 82.0 79.0 90.0 91.0 63.0 65.0 69.0 39.0
```

```
159
160          0.0 0.0 0.0 32.0 19.8 12.3 -1.8 -13.0 -26.0 -39.0 -43.0
161          -47.0 -46.8 -41.3 -34.3 -31.8 -19.5 -15.3 -6.3 6.5 14.3
162          26.8 39.3 47.8 60.8 71.5 77.8 85.5 80.8 77.3 72.0 59.0
163     */
```

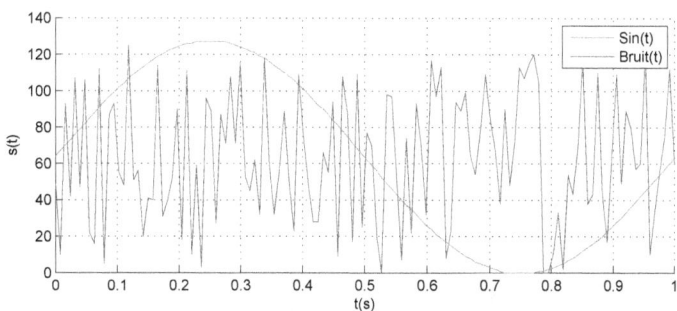

FIGURE 3.13 – Courbes signal sinus et le bruit

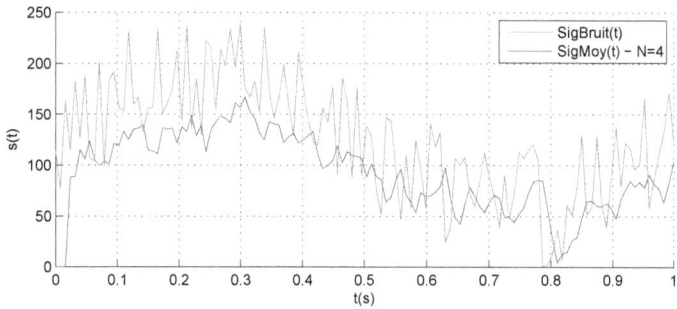

FIGURE 3.14 – Lisseur avec N=4

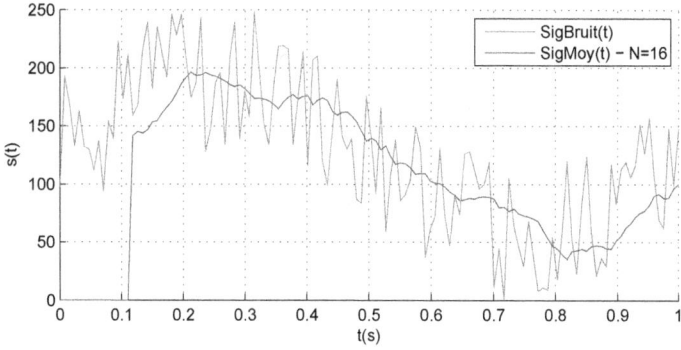

FIGURE 3.15 – Lisseur avec N=16

On constate dans les figures 3.14 et 3.15 que la qualité du signal s'améliore avec l'utilisation d'un filtre de taille importante. L'inconvénient majeur du filtre, est l'introduction d'un retard de N-1 Échantillons (démarrage du filtre illustré dans les figures).

3.2 Des exemples du langage C pour le traitement d'image

3.2.1 Introduction

Une image couleur est une représentation 3D ou 2D (niveau de gris) d'une scène physique liée à la nature du capteur. La figure 3.16 représente la chaîne basique d'acquisition et traitement d'image.

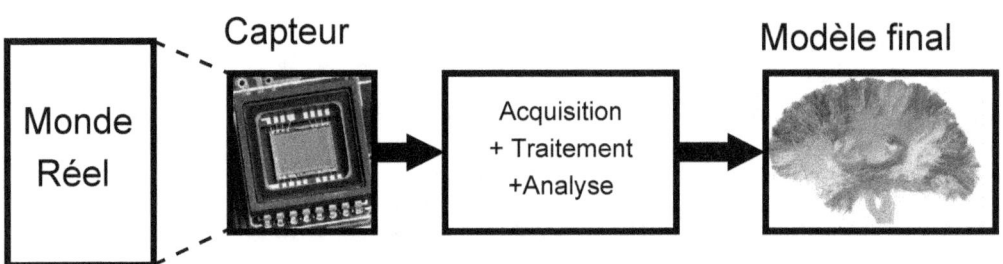

FIGURE 3.16 – La chaîne d'acquisition et traitement d'image

Traitement et analyse d'images peuvent être subdivisé en trois parties essentielles :

- **Codage** de l'image : Acquisition et compression ;
- **Extraction** des caractéristiques : Amélioration de la qualité d'image et extractions des informations ;
- **Segmentation** : Définir les régions dans l'image en fonctions des critères établis a priori.

Les types de traitement :

- Traitement bas niveau : Suppression du bruit, augmentation de contraste, lissage, détection des contours... ;
- Analyse haut niveau : extraction d'informations (reconnaissance, poursuite, ...).

Les domaines d'application :

- Imagerie médicale ;
- Imagerie satellite ;
- Imagerie radio (radio solaire, planétaires, ...) ;
- Imagerie radars ;
- Systèmes de surveillances (détection et reconnaissance de personne, ...) ;
- Route intelligente ;
- La réalité augmentée ;
- Reconnaissance de texte ou d'image (clavier, codes barres, ...) ;
- Robotique ;
- Etc.

C'est quoi une image au point de vue informatique ?

Une image avant la numérisation est un signal 2D continu (un signal analogique issue du capteur (Ex : capteur CCD)), une image numérique est une matrice de nombres représentant le signal continu. Une image est un tableau 2D, chaque pixel dans l'image est représentée par une valeur dans le tableau et référencée par ses coordonnées (i, j) ou (x, y) (Im[i][j]) (voir la figure 3.17).

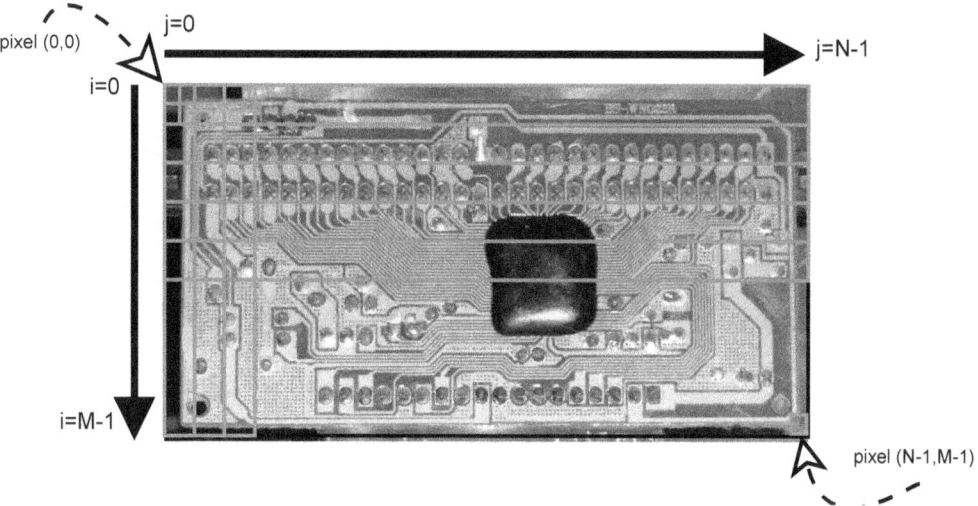

FIGURE 3.17 – La représentation mathématique d'une image 2D de taille NxM

C'est quoi la différence entre une image couleur ou niveau de gris ?

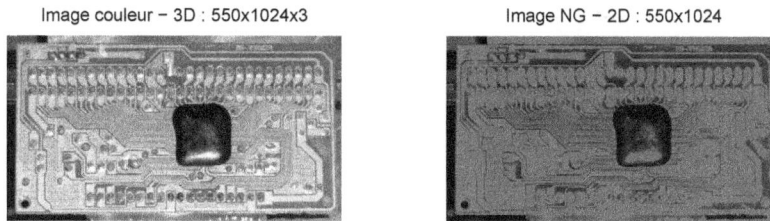

FIGURE 3.18 – La représentation 2D ((R+G+B)/3) et 3D d'une image

Au point de vue informatique, une image couleur est composée de trois composantes : R, G et B (Rouge, Gris et Bleue), chaque composante est équivalente à une image 2D (en total 3 images 2D successives). Contrairement à une image de niveau de gris, elle possède uniquement une seule composante, cette dernière est le mélange des trois composantes (1 image 2D)(figure 3.18). Au niveau d'allocation mémoire, une image au niveau de gris occupe trois fois moins d'espace mémoire par rapport à une image couleur. Dans la suite de l'ouvrage on va effectuer des traitements sur des images en 2D (niveau de gris), puis on traiterai un exemple pratique de l'acquisition et traitement d'une image couleur en C.

La figure 3.19 illustre les trois composantes d'une image couleur (R, G et B) :

Image couleur – 3D : 550x1024x3

Composante R – 550x1024

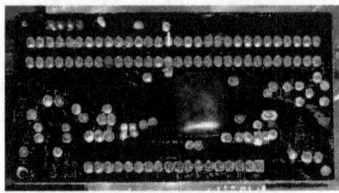

Composante G – 550x1024

Composante B – 550x1024

FIGURE 3.19 – Les trois composantes d'une image couleur

3.2.2 La manipulation des images en mémoire

3.2.2.1 Le fonctionnement

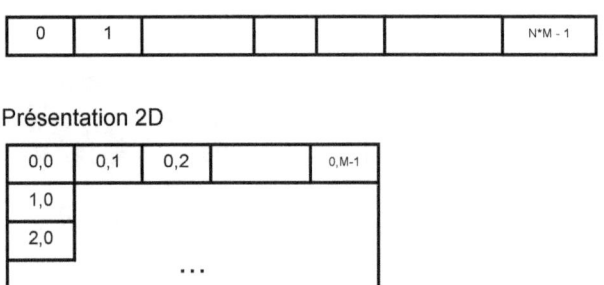

FIGURE 3.20 – La présentation 2D et 1D dans la mémoire d'une image

Dans cette partie, on va étudier les différentes présentations d'une image dans la mémoire, l'allocation dynamique et la dés-allocation d'un tableau 2D. On verra aussi le passage en paramètre d'un tableau 2D dans une fonction.

On distingue deux méthodes de présentation des données en mémoire :
— La présentation intuitive qui consiste l'utilisation d'un tableau 2D (voir la figure 3.20). Dans cette présentation, l'accès à un élément de la matrice, de taille NxM, se fait grâces à deux indices (i,j).
— La présentation 1D, dans laquelle l'accès à un élément de la matrice se fait via un seul indice en utilisant la formule suivante :

$$\text{tab2D}[i][j] = \text{tab1D}[i*\text{width} + j]$$

Un exemple : Initialisation des éléments des tableaux 1D et 2D de taille width*high

```
...
float tab2D[high][width];
...
int i,j;
for(i=0;i<high;i++)
        for(j=0;j<width;j++)
                tab2D[i][j]=valeur;
...

----------------------

...
float tab1D[high*width];
...
int i,j;
for(i=0;i<high;i++)
        for(j=0;j<width;j++)
                tab1D(i*width + j)=valeur;
...
```

Allocation dynamique d'un tableau 2D

```
...
float **tab2D;
...
tab2D = (float **)calloc(high, sizeof(float*));
for(i=0;i<high;i++)
        tab2D[i] = (float *)calloc(width, sizeof(float));
...
```

Dés-allocation dynamique d'un tableau 2D

```
...
for(i=0;i<high;i++)
        free(im_in2D[i]);

free(im_in2D);
...
```

3.2.2.2 Le programme

```
1       #include <stdio.h>
2       #include <stdlib.h>
3       #include <string.h>
4       #include <math.h>
5       #define width 5
6       #define high 10
7
8       // Déclaration pointeurs de l'image d'entrée et de la sortie
9       float **im_in2D, **im_out2D;
10      float *im_in1D, *im_out1D;
11      // la taille globale de l'image
12      unsigned int taille;
13      int i, j;
```

```
14
15
16              // Initialisation d'une image
17              void InitIm2D(float **im, float valeur)
18              {
19                      int i,j;
20                      for(i=0;i<high;i++)
21                              for(j=0;j<width;j++)
22                                      im[i][j]=valeur;
23              }
24
25              void InitIm1D(float *im, float valeur)
26              {
27                      int i,j;
28                      for(i=0;i<high;i++)
29                              for(j=0;j<width;j++)
30                                      im[i*width + j]=valeur;
31              }
32
33              // Affichage d'une image
34
35              void AffIm2D(float **im)
36              {
37                      int i,j;
38                      for(i=0;i<high;i++)
39                      {
40                              printf("\n");
41                              for(j=0;j<width;j++)
42                                      printf("%.1f ", im[i][j]);
43                      }
44              }
45
46              void AffIm1D(float *im)
47              {
48                      int i,j;
49                      for(i=0;i<high;i++)
50                      {
51                              printf("\n");
52                              for(j=0;j<width;j++)
53                                      printf("%.1f ", im[i*width + j]);
54                      }
55              }
56
57
58              void main (void)
59              {
60                      taille = width * high;
61
62                      // Allocation dynamique des images 2D
63                      im_in2D = (float **)calloc(high, sizeof(float*));
64                      im_out2D = (float **)calloc(high, sizeof(float*));
65                      for(i=0;i<high;i++)
66                      {
67                              im_in2D[i] = (float *)calloc(width, sizeof(float));
68                              im_out2D[i] = (float *)calloc(width, sizeof(float));
```

```
69              }
70
71              // Allocation dynamique des images 1D
72              im_in1D = (float *)calloc(taille, sizeof(float));
73              im_out1D = (float *)calloc(taille, sizeof(float));
74
75
76              // Initialisation des images 2D
77              InitIm2D(im_in2D,10.1);
78              InitIm2D(im_out2D,99);
79              // Affichage des images 2D
80              printf("\nAffichage 2D\n");
81              AffIm2D(im_in2D);
82              printf("\n\n");
83              AffIm2D(im_out2D);
84
85              // Initialisation des images 1D
86              InitIm1D(im_in1D,2);
87              InitIm1D(im_out1D,8);
88              // Affichage des images 1D
89              printf("\n\nAffichage 1D\n");
90              AffIm1D(im_in1D);
91              printf("\n\n");
92              AffIm1D(im_out1D);
93
94
95              // Libération des images 2D
96              for(i=0;i<high;i++)
97              {
98                      free(im_in2D[i]);
99                      free(im_out2D[i]);
100             }
101             free(im_in2D);
102             free(im_out2D);
103
104             // Libération des images 1D
105             free(im_in1D);
106             free(im_out1D);
107
108     }
109
110
111
112     /*
113     Résultats :
114
115     Affichage 2D
116
117             10.1 10.1 10.1 10.1 10.1
118             10.1 10.1 10.1 10.1 10.1
119             10.1 10.1 10.1 10.1 10.1
120             10.1 10.1 10.1 10.1 10.1
121             10.1 10.1 10.1 10.1 10.1
122             10.1 10.1 10.1 10.1 10.1
123             10.1 10.1 10.1 10.1 10.1
```

```
124          10.1 10.1 10.1 10.1 10.1
125          10.1 10.1 10.1 10.1 10.1
126          10.1 10.1 10.1 10.1 10.1
127
128
129          99.0 99.0 99.0 99.0 99.0
130          99.0 99.0 99.0 99.0 99.0
131          99.0 99.0 99.0 99.0 99.0
132          99.0 99.0 99.0 99.0 99.0
133          99.0 99.0 99.0 99.0 99.0
134          99.0 99.0 99.0 99.0 99.0
135          99.0 99.0 99.0 99.0 99.0
136          99.0 99.0 99.0 99.0 99.0
137          99.0 99.0 99.0 99.0 99.0
138          99.0 99.0 99.0 99.0 99.0
139
140          Affichage 1D
141
142          2.0 2.0 2.0 2.0 2.0
143          2.0 2.0 2.0 2.0 2.0
144          2.0 2.0 2.0 2.0 2.0
145          2.0 2.0 2.0 2.0 2.0
146          2.0 2.0 2.0 2.0 2.0
147          2.0 2.0 2.0 2.0 2.0
148          2.0 2.0 2.0 2.0 2.0
149          2.0 2.0 2.0 2.0 2.0
150          2.0 2.0 2.0 2.0 2.0
151          2.0 2.0 2.0 2.0 2.0
152
153
154          8.0 8.0 8.0 8.0 8.0
155          8.0 8.0 8.0 8.0 8.0
156          8.0 8.0 8.0 8.0 8.0
157          8.0 8.0 8.0 8.0 8.0
158          8.0 8.0 8.0 8.0 8.0
159          8.0 8.0 8.0 8.0 8.0
160          8.0 8.0 8.0 8.0 8.0
161          8.0 8.0 8.0 8.0 8.0
162          8.0 8.0 8.0 8.0 8.0
163          8.0 8.0 8.0 8.0 8.0
164     */
```

3.2.3 Le seuillage

3.2.3.1 Le fonctionnent

Dans tout les projets, on va utiliser un script matlab permettant de :

- Lire une image couleur ;
- Convertir l'image 3D en 2D (niveau de gris) ;
- Stocker l'image et ses dimensions dans un fichier binaire ;
- Récupérer la nouvelle image après traitement issue du programme C ;
- Afficher les deux images (avant et après traitement).

Le programme en C permet de :

- Récupérer l'image binaire et ses dimensions dans le fichier binaire ;
- Effectuer les calculs et les traitements sur l'image ;
- Stocker l'image après le traitement dans un nouveau fichier binaire.

L'objectif de seuillage est de transformer une image numérique avec plusieurs niveau de gris (0-255 our uint8,...) en une image binaire (deux niveau), facile à exploiter.

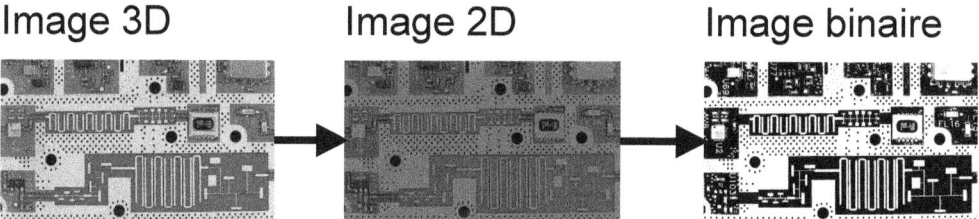

FIGURE 3.21 – La chaîne de seuillage de l'image

La description de la chaîne d'acquisition et le traitement de l'image sont illustrées dans la figure 3.21. Dans la partie programmation en C, on va appliquer les différents seuils au voisinage du seuil moyenné (SeuilMoy +/- Offset) et les effets sur l'image finale.

3.2.3.2 Le programme

Le script matlab :

```
1          clear all;
2          close all;
3          clc;
4
5          % Lecture de l'image 3D
6          im1=imread('im1.jpg');
7
8          % Conversion de l'image 3D en 2D (niveau de gris)
9          im0 = (im1(:,:,1)+im1(:,:,2)+im1(:,:,3))/3;
10         taille = size(im0);
11
12         % Stockage d'image dans un fichier
13         % binaire (Image originale)
14         fileID = fopen('imMatlab.bin','w');
15         fwrite(fileID,taille,'double');
16         fwrite(fileID,im0(:),'double');
17         fclose(fileID);
18
19         % Récupération de l'image dans le fichier
20         % binaire (Image après seuillage)
21         fileID = fopen('imOutC.bin');
22         im_seuil = fread(fileID,taille,'double');
23         fclose(fileID);
24
25         % Affichage des deux images
26         figure(1)
```

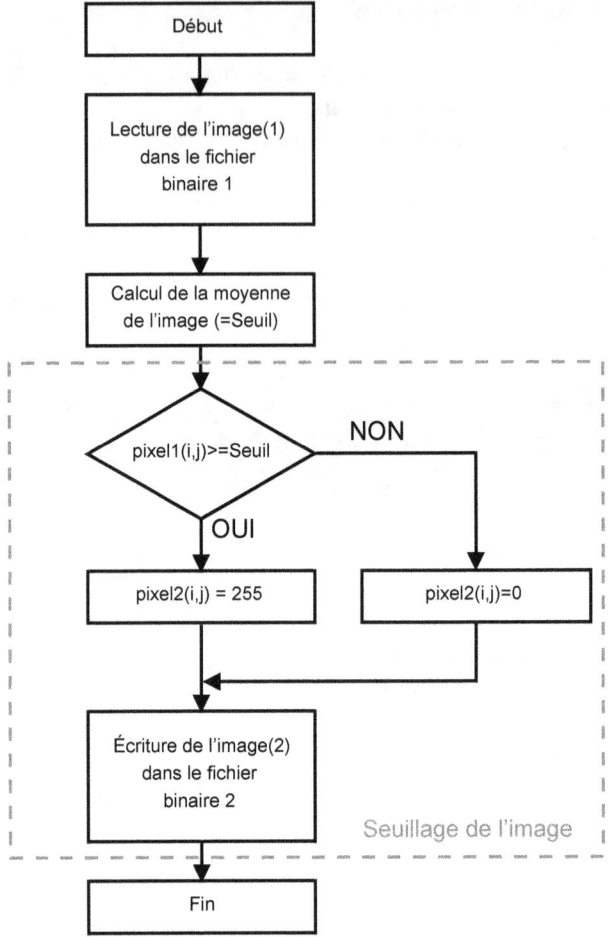

FIGURE 3.22 – Le chronogramme de seuillage de l'image

```
27          subplot(121);
28          imshow(im0);
29          title('Image originale');
30          subplot(122);
31          imshow(uint8(im_seuil));
32          title('Image après le suillage moyenné');
```

Le pgogramme C :

```
1           #include <stdio.h>
2           #include <stdlib.h>
3           #include <string.h>
4           #include <math.h>
5
6
7
8           int width, high ;
9           FILE *fichier;
10          double im_size[3];
11          int taille_eff_r1,taille_eff_r2;
```

```
12              int taille_eff_w;
13
14              // Déclaration pointeurs de l'image
15              // d'entrée et de la sortie
16              double **im_in2D, **im_out2D;
17              double *im_in1D, *im_out1D;
18              // la taille globale de l'image
19              unsigned int taille;
20              int i, j;
21
22
23              // Conversion image 1D to 2D
24              from1Dto2D (double *im_1D, double **im_2D)
25              {
26                      int i, j ;
27                      for(i=0;i<high;i++)
28                              for(j=0;j<width;j++)
29                                      im_2D[i][j]=im_1D[i*width + j];
30              }
31
32              // Conversion image 2D to 1D
33              from2Dto1D (double *im_1D, double **im_2D)
34              {
35                      int i, j ;
36                      for(i=0;i<high;i++)
37                              for(j=0;j<width;j++)
38                                      im_1D[i*width + j] =im_2D[i][j];
39              }
40
41
42              // Initialisation d'une image
43              void InitIm2D(double **im, double valeur)
44              {
45                      int i,j;
46                      for(i=0;i<high;i++)
47                              for(j=0;j<width;j++)
48                                      im[i][j]=valeur;
49              }
50
51              void InitIm1D(double *im, double valeur)
52              {
53                      int i,j;
54                      for(i=0;i<high;i++)
55                              for(j=0;j<width;j++)
56                                      im[i*width + j]=valeur;
57              }
58
59              // Affichage d'une image
60              void AffIm2D(double **im)
61              {
62                      int i,j;
63                      for(i=0;i<high;i++)
64                      {
65                              printf("\n");
66                              for(j=0;j<width;j++)
```

```
67                               printf("%.1f ", im[i][j]);
68                  }
69          }
70
71          void AffIm1D(double *im)
72          {
73                  int i,j;
74                  for(i=0;i<high;i++)
75                  {
76                          printf("\n");
77                          for(j=0;j<width;j++)
78                                  printf("%.1f ", im[i*width + j]);
79                  }
80          }
81
82          // Calcul de la valeur moyenne d'une image
83          double Moy_im1D(double *im_1D)
84          {
85                  int i;
86                  double moyenne =0.0;
87                  for(i=0;i<high*width;i++)
88                          moyenne+= im_1D[i];
89
90                  return moyenne/(high*width);
91          }
92
93          // Application d'un seuil moyenné à une image 1D
94          void Seuil_im1D(double *im_in_1D, double *im_out_1D,
95          double seuil, double offsel_moy)
96          {
97                  double new_seuil;
98                  int i;
99
100                 new_seuil=seuil + offsel_moy;
101
102                 for(i=0;i<high*width;i++)
103                         if(im_in_1D[i] >= new_seuil) im_out_1D[i] = 255.0;
104                         else im_out_1D[i] =0.0;
105         }
106
107         void main (void)
108         {
109                 // Ouverture du fichier en lecture et écriture
110                 fichier=fopen("C:\\Exo\\imMatlab.bin","a+b");
111                 // Récupération de la taille de l'image dans le fichier
112                 taille_eff_r1 = fread(im_size,sizeof(double), 3, fichier);
113                 high = (int)im_size[0];
114                 width = (int)im_size[1];
115                 taille = width * high;
116
117                 // Allocation dynamique des images 2D
118                 im_in2D = (double **)calloc(high, sizeof(double*));
119                 im_out2D = (double **)calloc(high, sizeof(double*));
120                 for(i=0;i<high;i++)
121                 {
```

```
122                          im_in2D[i] = (double *)calloc(width, sizeof(double));
123                          im_out2D[i] = (double *)calloc(width, sizeof(double));
124                  }
125
126                  // Allocation dynamique des images 1D
127                  im_in1D = (double *)calloc(taille, sizeof(double));
128                  im_out1D = (double *)calloc(taille, sizeof(double));
129
130                  // Récupération de l'image en présentation 1D
131                  taille_eff_r2 = fread(im_in1D,sizeof(double), taille, fichier);
132                  // Fermeture du fichier
133                  fclose(fichier);
134
135                  // Affichage de la taille de l'image
136                  printf("\nhigh = %d width = %d\n", high, width);
137
138                  // Affichage de l'image 1D
139                  //AffIm1D(im_in1D);
140                  printf("Moy = %.2f ",Moy_im1D(im_in1D));
141
142                  // Application du seuil moyenné à l'image
143                  Seuil_im1D(im_in1D, im_out1D, Moy_im1D(im_in1D), 10.0);
144
145                  // Stockage de l'image dans un autre fichier binaire
146                  fichier=fopen("C:\\Exo\\imOutC.bin","a+b");
147                  taille_eff_w = fwrite(im_out1D,sizeof(double), taille, fichier);
148                  fclose(fichier);
149
150                  // Libération des images 2D
151                  for(i=0;i<high;i++)
152                  {
153                          free(im_in2D[i]);
154                          free(im_out2D[i]);
155                  }
156                  free(im_in2D);
157                  free(im_out2D);
158
159                  // Libération des images 1D
160                  free(im_in1D);
161                  free(im_out1D);
162          }
163          /*
164      Résultats :
165              high = 1080 width = 1920
166              Moy = 64.78
167      */
```

Résultat de simulation avec un vecteur des seuils :seuil[] =[64.7826, 74.7826, 94.7826, 54.7826, 24.7826]

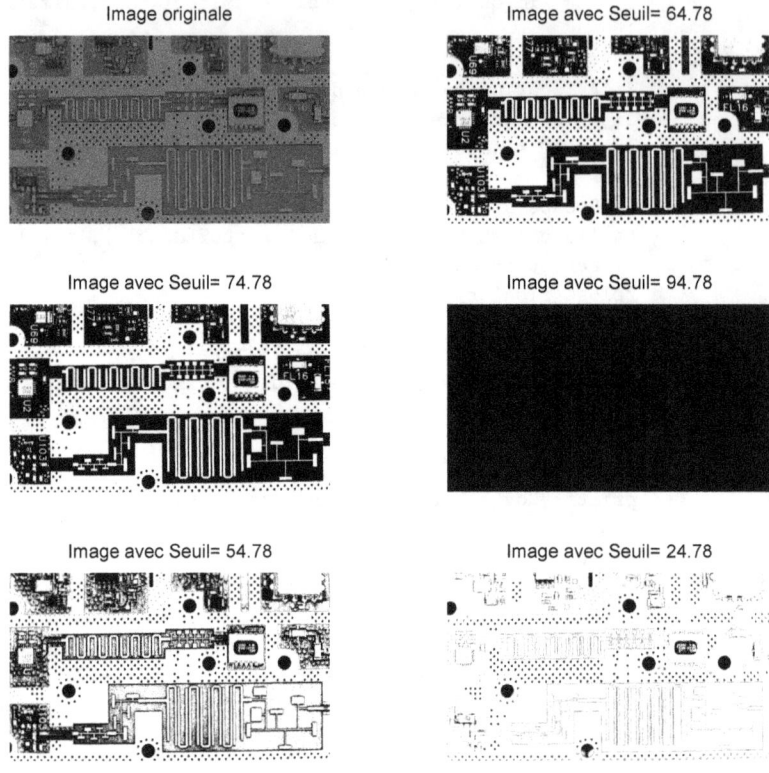

FIGURE 3.23 – La simulation de seuillage d'une image 2D

3.2.4 Le produit de convolution 2D

Le produit de convolution d'une image im(i, j) avec un masque masq(i, j) (un filtre) (voir la figure 3.25) est donné par :

$$im1(i,j) = (masq * im)(i,j)$$
$$im1(i,j) = \sum_{n=-n0}^{n=n0} \sum_{m=-m0}^{m=m0} im(i,j) * masq(n-i, m-j)$$

Avec :

— $m0 = \frac{M-1}{2}$
— $n0 = \frac{N-1}{2}$

Note : Par défaut, la plupart des masques sont symétriques (M=N=p)pour avoir des effets identiques sur l'image après l'application du masque (filtre) horizontalement et verticalement (carré impair).

Un exemple de masque d'un filtre de taille 3x3 (p=3) (voir la figure 3.25 :

$$masq(3,3) = \begin{pmatrix} m1 & m2 & m3 \\ m4 & m5 & m6 \\ m7 & m8 & m9 \end{pmatrix}$$

Un exemple pratique d'application d'un masque de taille 3 à une image :

$$M3 = \begin{pmatrix} 1 & 2 & 3 \\ 4 & 5 & 6 \\ 7 & 8 & 9 \end{pmatrix}$$

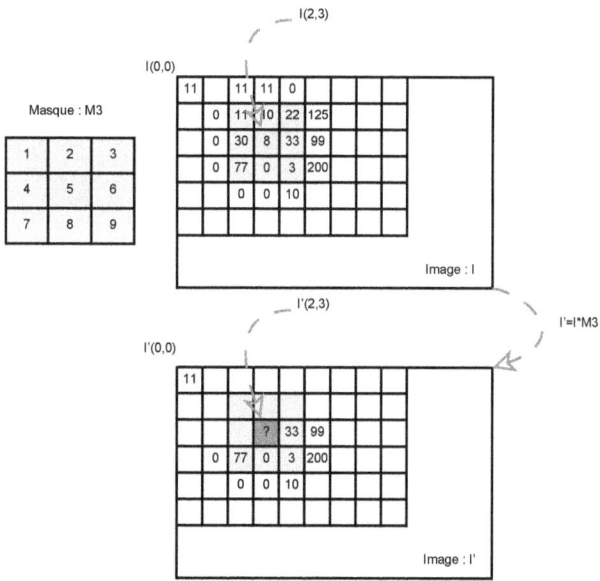

FIGURE 3.24 – Un exemple d'application du masque à une image

On calcul la valeur du pixel I'(2,3)=(2,3)(I * M3) en appliquant la formule suivante :

$$I'(2,3) = (M3 * I)(2,3) = \sum_{n=-1}^{n=1} \sum_{m=-1}^{m=1} I(2,3) * M3(n-2, m-3)$$

$I'(i,j) = m1 * I(i-1, j-1) + m2 * I(i-1, j) + m3 * I(i-1, j+1) + m4 * I(i, j-1) + m5 * I(i,j) + m6 * I(i, j+1) + m7 * I(i+1, j-1) + m8 * I(i+1, j) + m9 * I(i+1, j+1)$

$$I'(2,3) = 1 * 11 + 10 * 2 + 22 * 3 + 4 * 30 + 8 * 5 + 33 + 6 + 77 * 7 + 0 * 8 + 9 * 3 = 862$$

La valeur du pixel I'(2,3) vaut 862. La même opération sera effectuée pour tous les pixels de l'image dans la zone permise. La figure 3.25 montre le problème de dépassement des bords (indices négatives im (i, j)*masq(n - i, m - j) lorsque n<i ou m<j). Pour remédie à ce problème, dans le cas d'un masque 3x3, il suffit de commencer par un indice = 1 pour i et j. La gestion des bords, sera effectuée à la fin du produit de convolution (duplication des pixels voisins dans les bords, ...).

Les propriétés du produit de convolution. On considère trois fonctions : f,g et h :

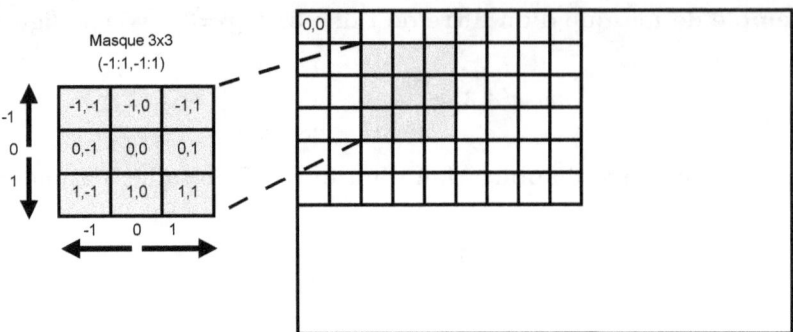

FIGURE 3.25 – Le système de coordonnées d'un masque 3x3

- Commutativité : $(f * g)(n) = (g * f)(n)$;
- Distributivité : $(f * (g + h))(n) = (f * g)(n) + (f * h)(n)$;
- Associativité : $((f * g) * h))(n) = (f * (g * h))(n)$;
- Le produit de convolution dans le domaine spatial est équivaut à un produit dans le domaine fréquentiel.

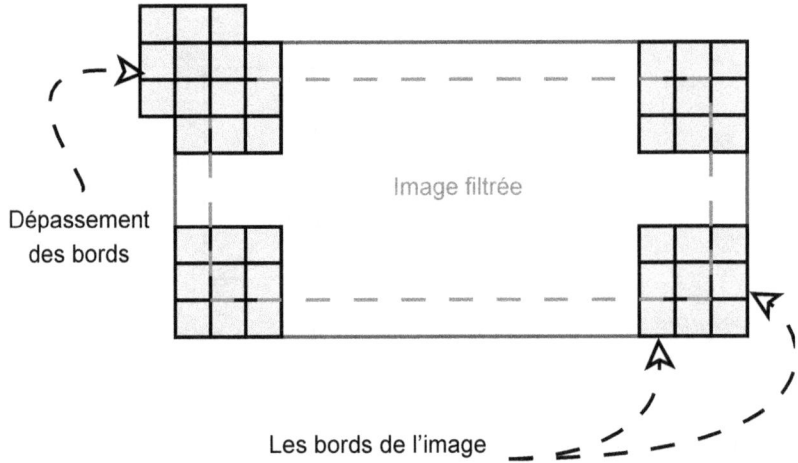

FIGURE 3.26 – La mise en évidence d'un masque 3x3 et les bords d'une image

3.2.5 Filtrage (Le moyenneur, max, min, médian,...)

3.2.5.1 Le filtre Moyenneur

Un filtre moyenneur est un filtre qui est défini par le masque suivant (avec M=2p+1) :

$$Moy = \frac{1}{M^2} \begin{pmatrix} 1 & 1 & 1 & 1 & 1 & 1 & ... \\ 1 & 1 & 1 & 1 & 1 & 1 & ... \\ 1 & 1 & 1 & 1 & 1 & 1 & ... \\ 1 & 1 & 1 & 1 & 1 & 1 & ... \\ 1 & 1 & 1 & 1 & 1 & 1 & ... \\ 1 & 1 & 1 & 1 & 1 & 1 & ... \\ 1 & 1 & 1 & 1 & 1 & 1 & ... \\ ... & & & & & & \end{pmatrix}$$

Exemple 1 : filtre moyenneur de taille 3 (2*p+1, p=1)

$$Moy3 = \frac{1}{9} \begin{pmatrix} 1 & 1 & 1 \\ 1 & 1 & 1 \\ 1 & 1 & 1 \end{pmatrix}$$

Exemple 2 : filtre moyenneur de taille 5 (2*p+1, p=2)

$$Moy5 = \frac{1}{25} \begin{pmatrix} 1 & 1 & 1 & 1 & 1 \\ 1 & 1 & 1 & 1 & 1 \\ 1 & 1 & 1 & 1 & 1 \\ 1 & 1 & 1 & 1 & 1 \\ 1 & 1 & 1 & 1 & 1 \end{pmatrix}$$

Le filtre moyenneur est le filtre le plus simple à mettre en oeuvre. Les coefficients de ce filtre, sont identiques et égaux à '1'. Pour réaliser la convolution de l'image avec le filtre, il suffit d'additionner le M^2 pixels voisins(le pixel actuel inclus) et diviser par le nombre des coefficients du filtre (Ex : pour M=3, le nombre des voisins égal 8 + le pixel central =9).

Plus la taille du filtre est grande, plus le lissage sera important et plus l'image filtrée perd les détails de l'image originale.

Le programme en C :

```
1          #include <stdio.h>
2          #include <stdlib.h>
3          #include <string.h>
4          #include <math.h>
5          #define p 4
6
7
8          int width, high ;
9          FILE *fichier;
10         double im_size[3];
11         int taille_eff_r1,taille_eff_r2;
12         int taille_eff_w;
13
14         double msq2D_5[2*p+1][2*p+1] =
15                 {
16                         1/25.0,1/25.0,1/25.0,1/25.0,1/25.0,
17                         1/25.0,1/25.0,1/25.0,1/25.0,1/25.0,
18                         1/25.0,1/25.0,1/25.0,1/25.0,1/25.0,
19                         1/25.0,1/25.0,1/25.0,1/25.0,1/25.0,
```

```
20                          1/25.0,1/25.0,1/25.0,1/25.0,1/25.0
21              };
22
23      double msq2D_9[2*p+1][2*p+1] =
24              {
25                          1/81.0,1/81.0,1/81.0,1/81.0,1/81.0,
26                          1/81.0,1/81.0,1/81.0,1/81.0,
27                          1/81.0,1/81.0,1/81.0,1/81.0,1/81.0,
28                          1/81.0,1/81.0,1/81.0,1/81.0,
29                          1/81.0,1/81.0,1/81.0,1/81.0,1/81.0,
30                          1/81.0,1/81.0,1/81.0,1/81.0,
31                          1/81.0,1/81.0,1/81.0,1/81.0,1/81.0,
32                          1/81.0,1/81.0,1/81.0,1/81.0,
33                          1/81.0,1/81.0,1/81.0,1/81.0,1/81.0,
34                          1/81.0,1/81.0,1/81.0,1/81.0,
35                          1/81.0,1/81.0,1/81.0,1/81.0,1/81.0,
36                          1/81.0,1/81.0,1/81.0,1/81.0,
37                          1/81.0,1/81.0,1/81.0,1/81.0,1/81.0,
38                          1/81.0,1/81.0,1/81.0,1/81.0,
39                          1/81.0,1/81.0,1/81.0,1/81.0,1/81.0,
40                          1/81.0,1/81.0,1/81.0,1/81.0,
41                          1/81.0,1/81.0,1/81.0,1/81.0,1/81.0,
42                          1/81.0,1/81.0,1/81.0,1/81.0
43              };
44
45
46      // Déclaration pointeurs de l'image
47      // d'entrée et de la sortie
48      double **im_in2D, **im_out2D;
49      double *im_in1D, *im_out1D;
50      double **masque2D;
51
52
53      // Conversion image 1D to 2D
54      from1Dto2D (double *im_1D, double **im_2D)
55      {
56              int i, j ;
57              for(i=0;i<high;i++)
58                      for(j=0;j<width;j++)
59                              im_2D[i][j]=im_1D[i*width + j];
60      }
61
62      // Conversion image 2D to 1D
63      from2Dto1D (double *im_1D, double **im_2D)
64      {
65              int i, j ;
66              for(i=0;i<high;i++)
67                      for(j=0;j<width;j++)
68                              im_1D[i*width + j] =im_2D[i][j];
69      }
70
71      // Conversion image 2D to 1D
72      void Copier2D (double **im_in_2D, double **im_out_2D)
73      {
74              int i, j ;
```

```
75                         for(i=0;i<high;i++)
76                             for(j=0;j<width;j++)
77                                 im_out_2D[i][j] =im_in_2D[i][j];
78           }
79
80           // Calcul du produit de convolution d'une
81           // image avec un masque
82           // Masque [2*p +][2*p 1] , p=masque_p
83           void Conv2D(double **masque_2D, double **im_in_2D,
84           double **im_out_2D, int masque_p)
85           {
86                   int i,j,k,l;
87                   double conv=0.0;
88
89                   for(i=masque_p;i< high -masque_p;i++)
90                   {
91                   for(j=masque_p;j<width-masque_p;j++)
92                   {
93                   for(k=-masque_p;k<masque_p+1;k++)
94                   {
95                   for(l=-masque_p;l<masque_p+1;l++)
96                       {
97                                   /*conv+=(im_in_2D[i+k][j+l] *
98                                   masque_2D[k+masque_p][l+masque_p]);*/
99
100                                  /*conv+=(im_in_2D[i+k][j+l] *
101                                  msq2D_5[k+masque_p][l+masque_p]);*/
102
103                                  conv+=(im_in_2D[i+k][j+l] *
104                                  msq2D_9[k+masque_p][l+masque_p]);
105                      }
106                  }
107                  im_out_2D[i][j]=conv;
108                  conv=0.0;
109                  }
110                  }
111          }
112
113          void main (void)
114          {
115                  // la taille globale de l'image
116                  unsigned int taille;
117                  int i, j;
118
119                  double conv_value=0.0;
120
121                  // Ouverture du fichier en lecture et écriture
122                  fichier=fopen("C:\\Exo\\imMatlab.bin","a+b");
123                  // Récupération de la taille de l'image dans le fichier
124                  taille_eff_r1 = fread(im_size,sizeof(double), 3, fichier);
125                  high = (int)im_size[0];
126                  width = (int)im_size[1];
127                  taille = width * high;
128
129                  // Allocation dynamique des images 2D & masque
```

```
130             im_in2D = (double **)calloc(high, sizeof(double*));
131             masque2D=(double **)calloc(2*p+1, sizeof(double*));
132             im_out2D = (double **)calloc(high, sizeof(double*));
133             for(i=0;i<high;i++)
134             {
135                     im_in2D[i] = (double *)calloc(width, sizeof(double));
136                     im_out2D[i] = (double *)calloc(width, sizeof(double));
137             }
138
139             for(i=0;i<2*p+1;i++)
140             {
141                     masque2D[i] = (double *)calloc(2*p+1, sizeof(double));
142             }
143
144             // Allocation dynamique des images 1D
145             im_in1D = (double *)calloc(taille, sizeof(double));
146             im_out1D = (double *)calloc(taille, sizeof(double));
147
148             // Initialisation du masque Moyen 3x3 (p=1)
149             /* masque2D[0][0]=masque2D[0][1]=masque2D[0][2]=1/9.0;
150             masque2D[1][0]=masque2D[1][1]=masque2D[1][2]=1/9.0;
151             masque2D[2][0]=masque2D[2][1]=masque2D[2][2]=1/9.0;*/
152
153
154
155             // Récupération de l'image en présentation 1D
156             taille_eff_r2 = fread(im_in1D,sizeof(double), taille, fichier);
157             // Fermeture du fichier
158             fclose(fichier);
159             // Conversion de l'image 1D en 2D
160             // Pour le calcul du produit de convolution
161             from1Dto2D(im_in1D, im_in2D);
162             //Copier2D(im_in2D,im_out2D);
163             //InitIm2D(im_in2D,3.0);
164             Conv2D(masque2D,im_in2D,im_out2D,p);
165
166
167             // Reconversion de l'image 2D en 1D
168             // Pour le sckotage dans le fichier binaire
169             from2Dto1D(im_out1D, im_out2D);
170             // Stockage de l'image dans un autre fichier binaire
171             fichier=fopen("C:\\Exo\\imOutC.bin","wb");
172             taille_eff_w = fwrite(im_out1D,sizeof(double), taille, fichier);
173             fclose(fichier);
174
175             // Libération des images 2D et le masque
176             for(i=0;i<high;i++)
177             {
178                     free(im_in2D[i]);
179                     free(im_out2D[i]);
180             }
181             for(i=0;i<2*p+1;i++)
182             {
183                     free(masque2D[i]);
184             }
```

```
185              free(masque2D);
186              free(im_in2D);
187              free(im_out2D);
188
189              // Libération des images 1D
190              free(im_in1D);
191              free(im_out1D);
192      }
```

L'affichage des résultats du filtre Moyenneur :

Image originale   Image filtrée 3x3

FIGURE 3.27 – Le filtrage moyenneur 3x3

Image originale   Image filtrée 5x5

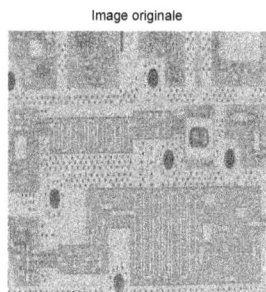 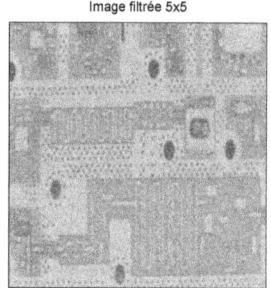

FIGURE 3.28 – Le filtrage moyenneur 5x5

Remarque : Les filtres à convolution sont relativement simples à mettre en place. L'opération de convolution 2D, nécessite 4 boucles imbriquées. Donc, le temps de calcul est relativement important dans le cas d'utilisation des filtres avec des grandes largeurs. Dans la suite de l'ouvrage, on utilisera les filtres de taille 3x3 ou 5x5.

3.2.5.2   Le filtre Médian

Le filtre médian réalise la même fonction que celle du filtre moyenneur. Mais, au lieu de prendre la moyenne d'un paquet des pixels, on prend la valeur médiane qu'on obtient en triant toutes les valeurs d'ordre croissant (ou décroissant) et en prenant ensuite la valeur du centre. Un filtre médian donne de meilleurs résultats pour éliminer le sel et le bruit de poivre, parce qu'il élimine complètement le bruit. Avec un filtre à moyenne, la valeur de couleur des particules de bruit, sont utilisés dans les calculs de la moyenne. En revanche,

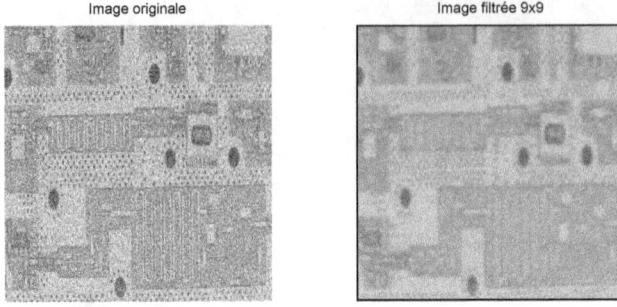

FIGURE 3.29 – Le filtrage moyenneur 9x9

en prenant la médiane, on ne dégrade pas la valeur de couleur d'un ou deux pixels sains. Le filtre médian permet également de réduire la qualité d'image cependant.

Un tel filtre médian ne peut pas être fait qu'avec une convolution, un algorithme de tri est nécessaire. On va utiliser une fonction de tri et une autre fonction d'extraction d'un paquet de pixels au voisinage du pixel central.

Par exemple, pour un filtre médian de taille 3x3, pour obtenir la médiane du pixel courant et de ses 8 voisins, il suffit d'extraire un tableau 1D de taille égale à 9 de l'image. Ensuite, trier le tableau et prendre la valeur de l'indice $((3*3)-1)/2 = 4$ voir figure 3.30).

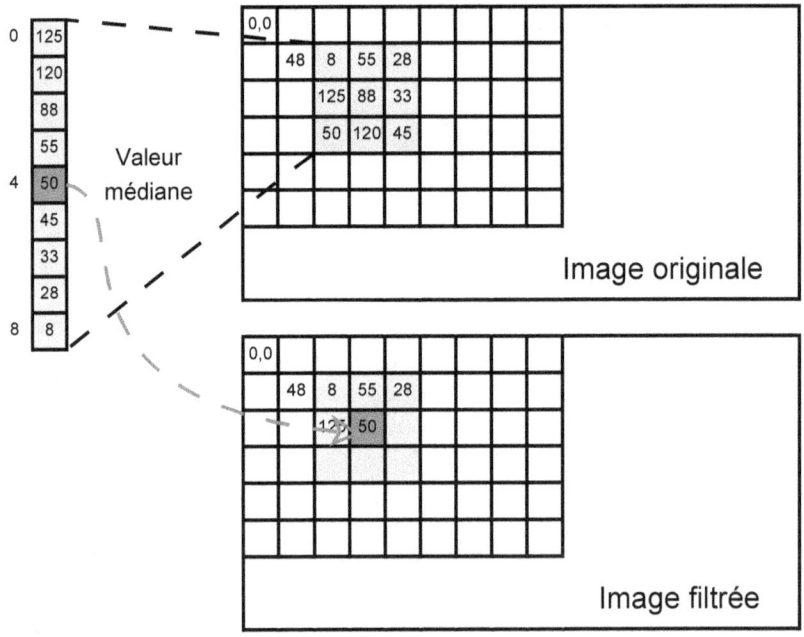

FIGURE 3.30 – Le schéma descriptif du filtre médian

Le programme en C :

```
1        #include <stdio.h>
2        #include <stdlib.h>
3        #include <string.h>
4        #include <math.h>
5        #define p 5
6
7
8        int width, high ;
9        FILE *fichier;
10       double im_size[3];
11       int taille_eff_r1,taille_eff_r2;
12       int taille_eff_w;
13
14
15       // Déclaration des pointeurs
16       double **im_in2D, **im_out2D;
17       double *im_in1D, *im_out1D;
18       double **masque2D;
19       double *tab_med_1D;
20
21       // Conversion image 1D to 2D
22       from1Dto2D (double *im_1D, double **im_2D)
23       {
24               int i, j ;
25               for(i=0;i<high;i++)
26                       for(j=0;j<width;j++)
27                               im_2D[i][j]=im_1D[i*width + j];
28       }
29
30       // Conversion image 2D to 1D
31       from2Dto1D (double *im_1D, double **im_2D)
32       {
33               int i, j ;
34               for(i=0;i<high;i++)
35                       for(j=0;j<width;j++)
36                               im_1D[i*width + j] =im_2D[i][j];
37       }
38
39       // Conversion image 2D to 1D
40       void Copier2D (double **im_in_2D, double **im_out_2D)
41       {
42               int i, j ;
43               for(i=0;i<high;i++)
44                       for(j=0;j<width;j++)
45                               im_out_2D[i][j] =im_in_2D[i][j];
46       }
47
48       // Extraction d'un vecteur 1D à partir d'une image 2D
49       void GetTab1D(double **im_in_2D, double *tab_1D,
50       int i0, int j0,int masque_p )
51       {
52               int k,l;
53               for(k=0;k<2*masque_p+1;k++)
54               {
55                       for(l=0;l<2*masque_p+1;l++)
```

```
56                        {
57                                tab_1D[k*(2*masque_p+1) + l] =im_in_2D
58                                [k+i0-masque_p][l+j0-masque_p];
59                        }
60                }
61        }
62
63        // Tri d'un tableau 1D par ordre croissant
64        void TriTab1D(double *Tab1D, int tailleTab)
65        {
66                int i, j;
67                double t;
68
69                for(i = 1; i < tailleTab; ++i)
70                        for(j = tailleTab-1; j >= i; --j)
71                        {
72                                /* comparaisons des valeurs adjacentes */
73                                if(Tab1D[ j - 1] > Tab1D[ j ])
74                                {
75                                        /* Echanger les valeurs selon
76                                        leurs ordres */
77                                        t = Tab1D[ j - 1];
78                                        Tab1D[ j - 1] = Tab1D[ j ];
79                                        Tab1D[ j ] = t;
80                                }
81                        }
82        }
83
84        // Calcul de l'image médiante
85        void Med2D(double **im_in_2D,double **im_out_2D,
86        double *tab_1D, int masque_p)
87        {
88                int i,j,k,l;
89                int taille0;
90
91                taille0 =(2*masque_p+1)*(2*masque_p+1);
92
93                for(i=masque_p;i<width -masque_p ;i++)
94                {
95                        for(j=masque_p;j<width -masque_p ;j++)
96                        {
97
98                                GetTab1D(im_in_2D,tab_1D,i,j,masque_p);
99                                TriTab1D(tab_1D,taille0 );
100                               im_out_2D[i][j] = tab_1D[(taille0-1)/2 +1];
101                       }
102               }
103       }
104
105       void main (void)
106       {
107               // la taille globale de l'image
108               unsigned int taille;
109               unsigned int tailleTab;
110               int i, j;
```

```
111
112                     tailleTab = (2*p+1)*(2*p+1);
113
114                     // Ouverture du fichier en lecture et écriture
115                     fichier=fopen("C:\\Exo\\imMatlab.bin","a+b");
116                     // Récupération de la taille de l'image dans le fichier
117                     taille_eff_r1 = fread(im_size,sizeof(double), 3, fichier);
118                     high = (int)im_size[0];
119                     width = (int)im_size[1];
120                     taille = width * high;
121
122                     // Allocation dynamique des images 2D & masque
123                     im_in2D = (double **)calloc(high, sizeof(double*));
124                     masque2D=(double **)calloc(2*p+1, sizeof(double*));
125                     im_out2D = (double **)calloc(high, sizeof(double*));
126                     for(i=0;i<high;i++)
127                     {
128                             im_in2D[i] = (double *)calloc(width, sizeof(double));
129                             im_out2D[i] = (double *)calloc(width, sizeof(double));
130                     }
131
132                     for(i=0;i<2*p+1;i++)
133                     {
134                             masque2D[i] = (double *)calloc(2*p+1, sizeof(double));
135                     }
136                     // Allocation dynamique des images 2D & masque
137                     im_in2D = (double **)calloc(high, sizeof(double*));
138                     masque2D=(double **)calloc(2*p+1, sizeof(double*));
139                     im_out2D = (double **)calloc(high, sizeof(double*));
140                     for(i=0;i<high;i++)
141                     {
142                             im_in2D[i] = (double *)calloc(width, sizeof(double));
143                             im_out2D[i] = (double *)calloc(width, sizeof(double));
144                     }
145
146                     for(i=0;i<2*p+1;i++)
147                     {
148                             masque2D[i] = (double *)calloc(2*p+1, sizeof(double));
149                     }
150
151                     // Allocation dynamique des images 1D
152                     im_in1D = (double *)calloc(taille, sizeof(double));
153                     im_out1D = (double *)calloc(taille, sizeof(double));
154                     tab_med_1D = (double *)calloc(tailleTab , sizeof(double));
155
156                     // Récupération de l'image en présentation 1D
157                     taille_eff_r2 = fread(im_in1D,sizeof(double), taille, fichier);
158                     // Fermeture du fichier
159                     fclose(fichier);
160                     // Conversion de l'image 1D en 2D
161                     // Pour le calcul du produit de convolution
162                     from1Dto2D(im_in1D, im_in2D);
163
164                     // Calcul de l'image médiante
165                     Med2D(im_in2D, im_out2D,tab_med_1D, p);
```

```
166
167
168                 // Reconversion de l'image 2D en 1D
169                 // Pour le sckotage dans le fichier binaire
170                 from2Dto1D(im_out1D, im_out2D);
171                 // Stockage de l'image dans un autre fichier binaire
172                 fichier=fopen("C:\\Exo\\imOutC.bin","wb");
173                 taille_eff_w = fwrite(im_out1D,sizeof(double), taille, fichier);
174                 fclose(fichier);
175
176                 // Libération des images 2D et le masque
177                 for(i=0;i<high;i++)
178                 {
179                         free(im_in2D[i]);
180                         free(im_out2D[i]);
181                 }
182                 for(i=0;i<2*p+1;i++)
183                 {
184                         free(masque2D[i]);
185                 }
186                 free(masque2D);
187                 free(im_in2D);
188                 free(im_out2D);
189
190                 // Libération des images 1D
191                 free(im_in1D);
192                 free(im_out1D);
193                 free(tab_med_1D);
194     }
195
```

L'affichage des résultats pour le filtre médian :

3.2.5.3 Le filtre gaussien

Le filtre gaussien est défini, en 2D, par la formule suivante :

$$h(i,j) = \frac{1}{2*\pi*\sigma^2} e^{-\dfrac{(i-\mu)^2 + (j-\mu)^2}{2*\sigma^2}}$$

Avec :
- μ : La valeur moyenne ou le centre du gaussien ;
- σ : L'écart-type.

L'opérateur de lissage gaussien est un opérateur de convolution 2D et il est utilisé pour le lissage et suppression du bruit. Il est similaire au filtre de moyenne et médian, mais, il utilise un noyau différent qui représente la forme d'une gaussienne.

Le masque 3x3 :

$$Gauss3(1,0) = \begin{pmatrix} 0.0585 & 0.0965 & 0.0585 \\ 0.0965 & 0.1592 & 0.0965 \\ 0.0585 & 0.0965 & 0.0585 \end{pmatrix}$$

FIGURE 3.31 – Les résultats de simulation du filtre médian - 1

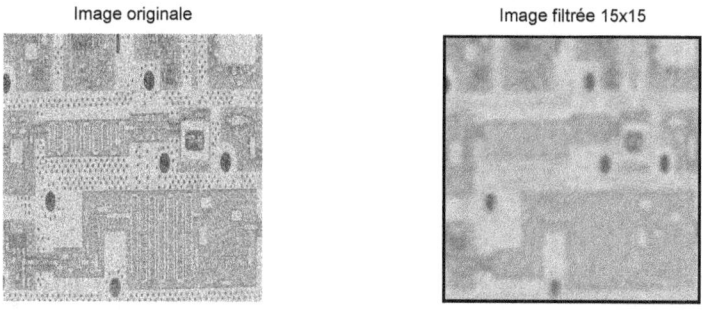

FIGURE 3.32 – La simulation filtre médian de taille 15x15

Le masque 5x5 :

$$Gauss5(1,0) = \begin{pmatrix} 0.0029 & 0.0131 & 0.0215 & 0.0131 & 0.0029 \\ 0.0131 & 0.0585 & 0.0965 & 0.0585 & 0.0131 \\ 0.0215 & 0.0965 & 0.1592 & 0.0965 & 0.0215 \\ 0.0131 & 0.0585 & 0.0965 & 0.0585 & 0.0131 \\ 0.0029 & 0.0131 & 0.0215 & 0.0131 & 0.0029 \end{pmatrix}$$

Le masque 7x7 :

$$Gauss7(1,0) = \begin{pmatrix} 0.0000 & 0.0002 & 0.0011 & 0.0018 & 0.0011 & 0.0002 & 0.0000 \\ 0.0002 & 0.0029 & 0.0131 & 0.0215 & 0.0131 & 0.0029 & 0.0002 \\ 0.0011 & 0.0131 & 0.0585 & 0.0965 & 0.0585 & 0.0131 & 0.0011 \\ 0.0018 & 0.0215 & 0.0965 & 0.1592 & 0.0965 & 0.0215 & 0.0018 \\ 0.0011 & 0.0131 & 0.0585 & 0.0965 & 0.0585 & 0.0131 & 0.0011 \\ 0.0002 & 0.0029 & 0.0131 & 0.0215 & 0.0131 & 0.0029 & 0.0002 \\ 0.0000 & 0.0002 & 0.0011 & 0.0018 & 0.0011 & 0.0002 & 0.0000 \end{pmatrix}$$

Image originale

Image filtrée 3x3

Image filtrée 9x9

Image filtrée 15x15

FIGURE 3.33 – La simulation filtre gaussien

Remarques :

L'effet de lissage gaussien est d'estomper une image d'une manière similaire au filtre moyenneur. Le degré de lissage est déterminé par l'écart type (σ) de la Gaussienne(il faut Agrandir l'écart-type de la gaussien pour augmenter la qualité du filtrage).

Après l'opération du filtrage, une étape de la mise en échelle des pixels de l'image finale de type (double) est nécessaire. D'après les masques générés précédemment, les coefficients sont plus petits, donc moins précis quand on va effectuer l'opération du codage de l'image (Ex : sur 8 bits pour des valeurs variants de 0 à 255).

la syntaxe de l'opération de la mise en échelle avant l'affichage de l'image (avant et après le filtrage) :

$$im_out_uint8 = 255.0 * im_double(i,j)/(max2(im_double)));$$

Le résumé : Quand l'écart type augmente, la qualité de l'image augmente et ça devient plus exigeant au niveau codage de l'image (plus de précision). A titre d'exemple, pour le filtre 3x3, les coefficients sont de l'ordre de 10^{-1}, 10^{-2} pour le masque 5x5 et plus de 10^{-4} pour 7x7.

La valeur moyenne μ définit les coordonnées centrales du filtre gaussien (l'endroit ou le filtre à plus d'effet) :

Le programme en C :

```
1       #include <stdio.h>
2       #include <stdlib.h>
3       #include <string.h>
4       #include <math.h>
5       #define pi 3.1416
6       #define p 15
7
8       ...
9
10      // Calcul du produit de convolution
11      void Conv2D(double **masque_2D, double **im_in_2D,
12      double **im_out_2D, int masque_p)
13      {
14              int i,j,k,l;
15              double conv=0.0;
16
17              for(i=masque_p;i< high -masque_p;i++)
18              {
19                      for(j=masque_p;j<width-masque_p;j++)
20                      {
21                              for(k=-masque_p;k<masque_p+1;k++)
22                              {
23                                      for(l=-masque_p;l<masque_p+1;l++)
24                                      {
25                                        conv+=(im_in_2D[i+k][j+l] *
26                                        masque_2D[k+masque_p][l+masque_p]);
27                                      }
28                              }
```

```
29                                      im_out_2D[i][j]=conv;
30                                      conv=0.0;
31                              }
32                      }
33              }
34
35              // Génération du masque Gaussien
36              void GaussMasq(double **masque2D,int masque_p,
37              double sigma, double mu )
38              {
39                      int i, j;
40                      double val0 = 0.0;
41
42                      for(i=-masque_p;i<masque_p+1; i++)
43                              for(j=-masque_p;j<masque_p+1; j++)
44                              {
45                                      val0 = exp(-((i-mu)*(i-mu) + (j-mu)*
46                                      (j-mu))/(2.0*sigma*sigma));
47                                      masque2D[i+masque_p][j+masque_p] =
48                                      (1.0/(2.0*pi*sigma*sigma))*val0;
49                              }
50              }
51
52
53              void main (void)
54              {
55                      // la taille globale de l'image
56                      unsigned int taille;
57                      int i, j;
58
59                      // Ouverture du fichier en lecture et écriture
60                      fichier=fopen("C:\\Exo\\imMatlab.bin","a+b");
61                      // Récupération de la taille de l'image dans le fichier
62                      taille_eff_r1 = fread(im_size,sizeof(double), 3, fichier);
63                      high = (int)im_size[0];
64                      width = (int)im_size[1];
65                      taille = width * high;
66
67                      // Allocation dynamique des images 2D & masque
68                      im_in2D = (double **)calloc(high, sizeof(double*));
69                      masque2D=(double **)calloc(2*p+1, sizeof(double*));
70                      im_out2D = (double **)calloc(high, sizeof(double*));
71                      for(i=0;i<high;i++)
72                      {
73                              im_in2D[i] = (double *)calloc(width, sizeof(double));
74                              im_out2D[i] = (double *)calloc(width, sizeof(double));
75                      }
76
77                      for(i=0;i<2*p+1;i++)
78                      {
79                              masque2D[i] = (double *)calloc(2*p+1, sizeof(double));
80                      }
81                      // Allocation dynamique des images 2D & masque
82                      im_in2D = (double **)calloc(high, sizeof(double*));
83                      masque2D=(double **)calloc(2*p+1, sizeof(double*));
```

```
84              im_out2D = (double **)calloc(high, sizeof(double*));
85              for(i=0;i<high;i++)
86              {
87                      im_in2D[i] = (double *)calloc(width, sizeof(double));
88                      im_out2D[i] = (double *)calloc(width, sizeof(double));
89              }
90
91              for(i=0;i<2*p+1;i++)
92              {
93                      masque2D[i] = (double *)calloc(2*p+1, sizeof(double));
94              }
95
96              // Allocation dynamique des images 1D
97              im_in1D = (double *)calloc(taille, sizeof(double));
98              im_out1D = (double *)calloc(taille, sizeof(double));
99
100             // Récupération de l'image en présentation 1D
101             taille_eff_r2 = fread(im_in1D,sizeof(double), taille, fichier);
102             // Fermeture du fichier
103             fclose(fichier);
104             // Conversion de l'image 1D en 2D
105             // Pour le calcul du produit de convolution
106             from1Dto2D(im_in1D, im_in2D);
107
108
109             GaussMasq(masque2D,p, 1.41, 0.0 );
110
111             // Affichage du masque Gaussien
112             for(i=0;i<2*p+1; i++)
113             {
114                     for(j=0;j<2*p+1; j++)
115                             printf("%.4f ",masque2D[i][j] );
116                     printf("\n");
117             }
118
119             Conv2D(masque2D,im_in2D, im_out2D, p);
120
121             ...
122       }
```

3.2.6 La détection du contour

3.2.6.1 Introduction

La détection du contour se réfère au processus d'identification et de localisation de fortes discontinuités dans une image. Les discontinuités sont des changements brusques de l'intensité du pixel qui caractérisent les limites des objets dans une scène (transition de la valeur d'un pixel d'une valeur faible à une valeur forte ou vis versa).

Les méthodes classiques de détection de contour consiste à effectuer une convolution de l'image avec un opérateur (un filtre 2-D), qui est construit de façon à être sensible à de forts gradients (dévirés) dans l'image tout en retournant des valeurs de zéro dans les régions uniformes. Il y a un très grand nombre d'opérateurs de détection de bord disponibles et chacun est conçu pour être sensible à certains types de contour à détecter.

La détection de contour est difficile dans les images bruitées, puisque le bruit et les bords contiennent les fréquences (transitions brutales des intensités). Pour réduire l'intensité du bruit dans l'image, avant la détection du contour, un filtrage est important.

Les types des contours : Généralement les bords sont de trois types :
- Les bords horizontaux ;
- Les bords verticaux ;
- Les bords en diagonale.

Pourquoi la détection des contours ?

La plupart des informations dans une image, sont limitées par des contours. Donc, on détecte les contours d'une image et par l'utilisation des filtres ainsi qu'en améliorant les zones de l'image qui contient les bords, la netteté de l'image augmente et l'image devient plus claire.

Vous avez une liste des masques pour la détection des contours et que nous allons étudier dans la suite de cette partie :

- Les Masques de détection des lignes (horizontales, verticales et diagonales) ;
- Le masque de Prewitt ;
- Le masque de Sobel ;
- Le masque Laplacein.

3.2.6.2 La détection des lignes

Le masque de détection d'une ligne horizontale :

$$Msq\_LH(1,0) = \begin{pmatrix} -1 & -1 & -1 \\ 2 & 2 & 2 \\ -1 & -1 & -1 \end{pmatrix}$$

Le masque de détection d'une ligne diagonale droite :

$$Msq\_LDD(3,3) = \begin{pmatrix} -1 & -1 & +2 \\ -1 & +2 & -1 \\ +2 & -1 & -1 \end{pmatrix}$$

Le masque de détection d'une ligne verticale :

$$Msq\_LV(3,3) = \begin{pmatrix} -1 & 2 & -1 \\ -1 & 2 & -1 \\ -1 & 2 & -1 \end{pmatrix}$$

Le masque de détection d'une ligne diagonale gauche :

$$Msq\_LDG(3,3) = \begin{pmatrix} +2 & -1 & -1 \\ -1 & +2 & -1 \\ -1 & -1 & +2 \end{pmatrix}$$

Le programme C :

```
1        #include <stdio.h>
```

```
2          #include <stdlib.h>
3          #include <string.h>
4          #include <math.h>
5          #define p 1
6
7
8          int width, high ;
9          FILE *fichier;
10         double im_size[3];
11         int taille_eff_r1,taille_eff_r2;
12         int taille_eff_w;
13
14         // Les masques pour la détection des lignes
15         double Msq_LH[2*p+1][2*p+1]=
16         {
17                 -1.0, -1.0, -1.0,
18                 2.0, 2.0, 2.0,
19                 -1.0, -1.0, -1.0
20         };
21
22         double Msq_LDD[2*p+1][2*p+1]=
23         {
24                 -1.0, -1.0, 2.0,
25                 -1.0, 2.0, -1.0,
26                 2.0, -1.0, -1.0
27         };
28
29         double Msq_LV[2*p+1][2*p+1]=
30         {
31                 -1.0, 2.0, -1.0,
32                 -1.0, 2.0, -1.0,
33                 -1.0, 2.0, -1.0
34         };
35
36         double Msq_LDG[2*p+1][2*p+1]=
37         {
38                 2.0, -1.0, -1.0,
39                 -1.0, 2.0, -1.0,
40                 -1.0, -1.0, 2.0
41         };
42
43         // Déclaration des ponteurs
44         double **im_in2D, **im_out2D;
45         double *im_in1D, *im_out1D;
46         double **masque2D;
47
48         // Conversion image 1D to 2D
49         from1Dto2D (double *im_1D, double **im_2D)
50         {
51                 int i, j ;
52                 for(i=0;i<high;i++)
53                         for(j=0;j<width;j++)
54                                 im_2D[i][j]=im_1D[i*width + j];
55         }
56
```

```
57          // Conversion image 2D to 1D
58          from2Dto1D (double *im_1D, double **im_2D)
59          {
60                  int i, j ;
61                  for(i=0;i<high;i++)
62                          for(j=0;j<width;j++)
63                                  im_1D[i*width + j] =im_2D[i][j];
64          }
65
66          // Calcul du produit de convolution
67          void Conv2D(double **masque_2D, double **im_in_2D,
68          double **im_out_2D, int masque_p)
69          {
70                  int i,j,k,l;
71                  double conv=0.0;
72
73                  for(i=masque_p;i< high -masque_p;i++)
74                  {
75                          for(j=masque_p;j<width-masque_p;j++)
76                          {
77                                  for(k=-masque_p;k<masque_p+1;k++)
78                                  {
79                                          for(l=-masque_p;l<masque_p+1;l++)
80                                          {
81                                          // Masque ligne droite
82                                          conv+=(im_in_2D[i+k][j+l] *
83                                          Msq_LH[k+masque_p][l+masque_p]);*/
84                                          // Masque ligne Gauche
85                                          conv+=(im_in_2D[i+k][j+l] *
86                                          Msq_LV[k+masque_p][l+masque_p]);
87                                          // Masque diagonale Groite
88                                          conv+=(im_in_2D[i+k][j+l] *
89                                          Msq_LDD[k+masque_p][l+masque_p]);
90                                          // Masque diagonale Gauche
91                                          conv+=(im_in_2D[i+k][j+l] *
92                                          Msq_LDG[k+masque_p][l+masque_p]);
93
94                                          }
95                                  }
96                                  im_out_2D[i][j]=conv;
97                                  conv=0.0;
98                          }
99                  }
100         }
101
102
103         void main (void)
104         {
105                 // la taille globale de l'image
106                 unsigned int taille;
107                 int i, j;
108
109                 // Ouverture du fichier en lecture et écriture
110                 fichier=fopen("C:\\Exo\\imMatlab.bin","a+b");
111                 // Récupération de la taille de l'image dans le fichier
```

```
112                 taille_eff_r1 = fread(im_size,sizeof(double), 3, fichier);
113                 high = (int)im_size[0];
114                 width = (int)im_size[1];
115                 taille = width * high;
116
117                 // Allocation dynamique des images 2D & masque
118                 im_in2D = (double **)calloc(high, sizeof(double*));
119                 masque2D=(double **)calloc(2*p+1, sizeof(double*));
120                 im_out2D = (double **)calloc(high, sizeof(double*));
121                 for(i=0;i<high;i++)
122                 {
123                         im_in2D[i] = (double *)calloc(width, sizeof(double));
124                         im_out2D[i] = (double *)calloc(width, sizeof(double));
125                 }
126
127                 for(i=0;i<2*p+1;i++)
128                 {
129                         masque2D[i] = (double *)calloc(2*p+1, sizeof(double));
130                 }
131                 // Allocation dynamique des images 2D & masque
132                 im_in2D = (double **)calloc(high, sizeof(double*));
133                 masque2D=(double **)calloc(2*p+1, sizeof(double*));
134                 im_out2D = (double **)calloc(high, sizeof(double*));
135                 for(i=0;i<high;i++)
136                 {
137                         im_in2D[i] = (double *)calloc(width, sizeof(double));
138                         im_out2D[i] = (double *)calloc(width, sizeof(double));
139                 }
140
141                 for(i=0;i<2*p+1;i++)
142                 {
143                         masque2D[i] = (double *)calloc(2*p+1, sizeof(double));
144                 }
145
146                 // Allocation dynamique des images 1D
147                 im_in1D = (double *)calloc(taille, sizeof(double));
148                 im_out1D = (double *)calloc(taille, sizeof(double));
149
150                 // Récupération de l'image en présentation 1D
151                 taille_eff_r2 = fread(im_in1D,sizeof(double), taille, fichier);
152                 // Fermeture du fichier
153                 fclose(fichier);
154                 // Conversion de l'image 1D en 2D
155                 // Pour le calcul du produit de convolution
156                 from1Dto2D(im_in1D, im_in2D);
157
158                 Conv2D(masque2D,im_in2D, im_out2D, p);
159                 ...
160         }
```

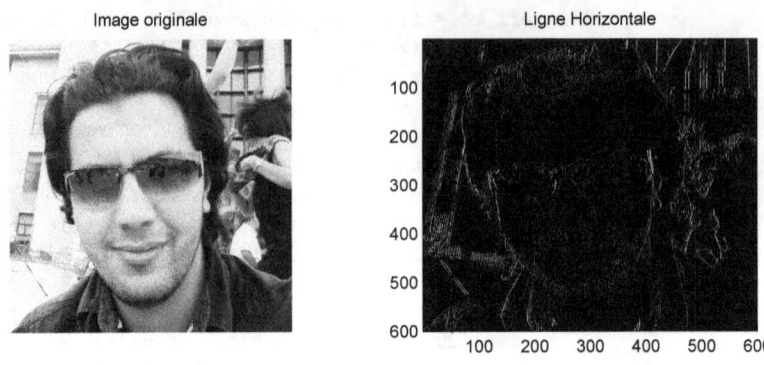

FIGURE 3.34 – La simulation filtre détection des lignes horizontales

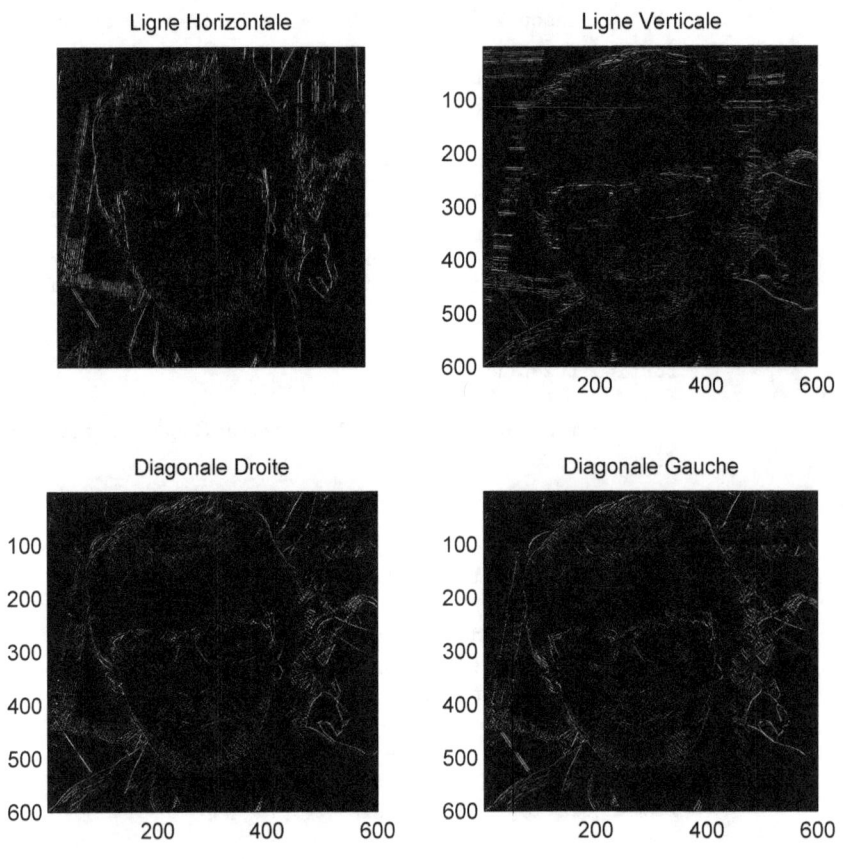

FIGURE 3.35 – La comparaison entre les masques de détection d'un segment de ligne

3.2.6.3 Le masque de Prewitt

Le masque de Prewitt est utilisé pour la détection de contours dans une image. Il détecte deux types de contours :

- Les contours horizontaux;
- Les contours verticaux.

Les contours sont calculés à partir de la différence entre les intensités des pixels correspondantes d'une image. Tous les masques qui sont utilisés pour la détection de contours sont également connus comme les masques dérivés(comme il est déjà cité précédemment).

Le masque Vertical :

$$Prew\_V(3,3) = \begin{pmatrix} -1 & 0 & 1 \\ -1 & 0 & 1 \\ -1 & 0 & 1 \end{pmatrix}$$

Le masque Horizontal :

$$Prew\_H(3,3) = \begin{pmatrix} -1 & -1 & -1 \\ 0 & 0 & 0 \\ 1 & 1 & 1 \end{pmatrix}$$

Le programme C :

```
1        ...
2        // Les masques de Prewitt
3        double Prew_V[2*p+1][2*p+1]=
4        {
5                -1.0, 0.0, 1.0,
6                -1.0, 0.0, 1.0,
7                -1.0, 0.0, 1.0
8        };
9
10       double Prew_H[2*p+1][2*p+1]=
11       {
12               -1.0, -1.0, -1.0,
13                0.0, 0.0, 0.0,
14                1.0, 0.0, 1.0
15       };
16
17       ...
18
19       // Calcul du produit de convolution
20       void Conv2D(double **masque_2D, double **im_in_2D,
21       double **im_out_2D, int masque_p)
22       {
23               int i,j,k,l;
24               double conv_v=0.0, conv_h=0.0;
25
26               for(i=masque_p;i< high -masque_p;i++)
27               {
28                       for(j=masque_p;j<width-masque_p;j++)
29                       {
```

```
30                              for(k=-masque_p;k<masque_p+1;k++)
31                              {
32                                      for(l=-masque_p;l<masque_p+1;l++)
33                                      {
34                                      // Calcul du masque V
35                                      conv_v+=(im_in_2D[i+k][j+l] *
36                                      Prew_V[k+masque_p][l+masque_p]);
37
38                                      // Calcul du masque H
39                                      conv_h+=(im_in_2D[i+k][j+l] *
40                                      Prew_H[k+masque_p][l+masque_p]);
41
42                                      }
43                              }
44                              //im_out_2D[i][j]=conv_v;
45                              im_out_2D[i][j]=conv_h;
46                              conv_v=0.0;
47                              conv_h=0.0;
48                      }
49              }
50      }
51
52
53      void main (void)
54      {
55              ....
56              Conv2D(masque2D,im_in2D, im_out2D, p);
57              ...
58      }
```

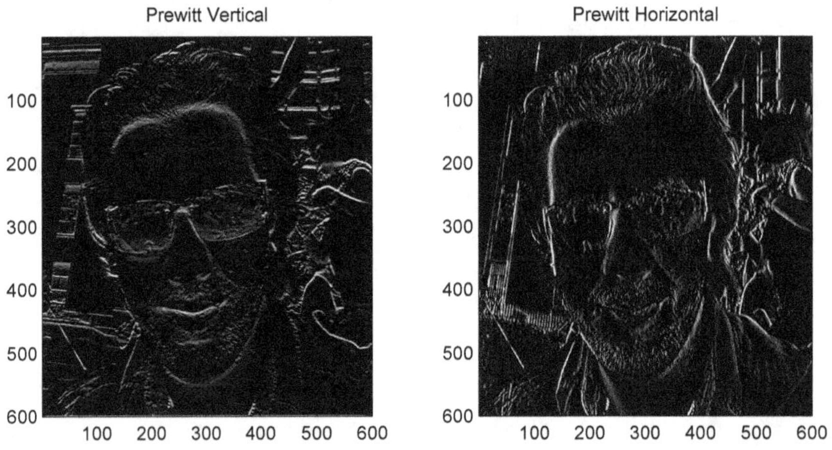

FIGURE 3.36 – Le masque Prewitt Horizontal et Vertical

Comme vous pouvez le constater dans la première image sur laquelle nous avons appliqué le masque vertical, tous les contours verticaux sont plus visibles que l'image originale. De même, dans la deuxième image, nous avons appliqué le masque horizontal et tous les bords horizontaux sont visibles.Donc, vous pouvez voir que nous pouvons détecter les deux bords horizontaux et verticaux à partir d'une image.

3.2.6.4 Le masque de Sobel

Le masque de Sobel est très similaire au Prewitt. Il est également un masque dérivé et aussi utilisé pour détecter les deux types de bords dans une image (verticaux et horizontaux).

Le masque Vertical :

$$Prew\_V(3,3) = \begin{pmatrix} -1 & 0 & 1 \\ -2 & 0 & 2 \\ -1 & 0 & 1 \end{pmatrix}$$

Le masque Horizontal :

$$Prew\_H(3,3) = \begin{pmatrix} -1 & -2 & -1 \\ 0 & 0 & 0 \\ 1 & 2 & 1 \end{pmatrix}$$

Le programme C :

```
1        ...
2        // Les masques de Sobel
3        double Sob_V[2*p+1][2*p+1]=
4        {
5                -1.0, 0.0, 1.0,
6                -2.0, 0.0, 2.0,
7                -1.0, 0.0, 1.0
8        };
9
10       double Sob_H[2*p+1][2*p+1]=
11       {
12                -1.0, -2.0, -1.0,
13                 0.0, 0.0, 0.0,
14                 1.0, 2.0, 1.0
15       };
16
17       ...
18
19       // Calcul du produit de convolution
20       void Conv2D(double **masque_2D, double **im_in_2D,
21       double **im_out_2D, int masque_p)
22       {
23                int i,j,k,l;
24                double conv_v=0.0, conv_h=0.0;
25
26                for(i=masque_p;i< high -masque_p;i++)
27                {
28                        for(j=masque_p;j<width-masque_p;j++)
29                        {
30                                for(k=-masque_p;k<masque_p+1;k++)
31                                {
32                                        for(l=-masque_p;l<masque_p+1;l++)
33                                        {
34                                        // Calcul du masque V
35                                        conv_v+=(im_in_2D[i+k][j+l] *
36                                        Sob_V[k+masque_p][l+masque_p]);
```

```
37
38                                    // Calcul du masque H
39                                    conv_h+=(im_in_2D[i+k][j+l] *
40                                    Sob_H[k+masque_p][l+masque_p]);
41
42                             }
43                       }
44                       //im_out_2D[i][j]=conv_v;
45                       im_out_2D[i][j]=conv_h;
46                       conv_v=0.0;
47                       conv_h=0.0;
48                 }
49           }
50     }
51
52
53     void main (void)
54     {
55           ...
56           Conv2D(masque2D,im_in2D, im_out2D, p);
57           ...
58     }
```

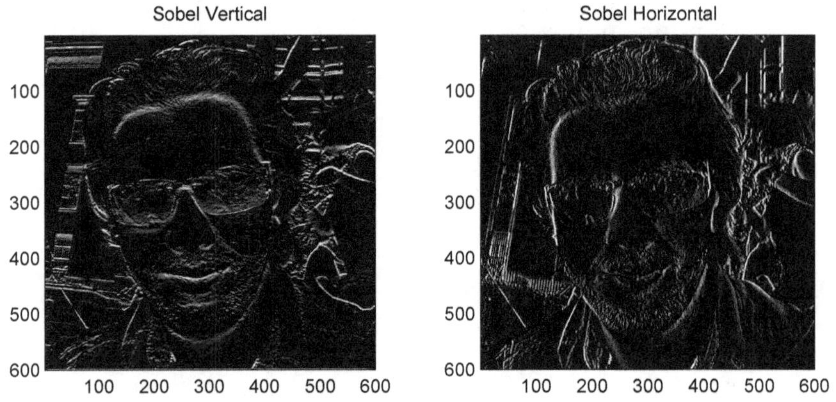

FIGURE 3.37 – Le masque Sobel Horizontal et Vertical

L'opérateur Sobel effectue une mesure de gradient spatial 2-D sur une image. Typiquement, il est utilisé pour trouver la grandeur de gradient absolue et approximative à chaque point dans une image d'entrée en niveaux de gris. Le détecteur de bord Sobel utilise une paire de masques de convolution 3x3, une estimation de la pente dans la direction x (les colonnes) et de l'autre estimation de la pente dans la direction y (les lignes). Un masque de convolution est généralement beaucoup plus petit que l'image réelle. De ce fait, le masque est glissé sur l'image et on manipule un carré de pixels à la fois. Les masques réels Sobel sont présentés ci-dessous.

Concernant le calcul de l'amplitude (module) du gradient, on utilise la formule suivante :

$$|Sob| = \sqrt{Sob_V^2 + Sob_H^2}$$

Une grandeur approximative peut être calculée en utilisant la formule suivante :

$$|Sob| = |Sob_V| + |Sob_H|$$

La fonction de calcul du module 2D :

```
// Calcul du produit de convolution 2D
void Conv2D(double **masque_2D, double **im_in_2D,
double **im_out_2D, int masque_p)
{
        int i,j,k,l;
        double conv_v=0.0, conv_h=0.0;

        for(i=masque_p;i< high -masque_p;i++)
        {
                for(j=masque_p;j<width-masque_p;j++)
                {
                        for(k=-masque_p;k<masque_p+1;k++)
                        {
                                for(l=-masque_p;l<masque_p+1;l++)
                                {
                                        // Calcul du masque V
                                        conv_v+=(im_in_2D[i+k][j+l] *
                                        Prew_V[k+masque_p][l+masque_p]);

                                        // Calcul du masque H
                                        conv_h+=(im_in_2D[i+k][j+l] *
                                        Prew_H[k+masque_p][l+masque_p]);

                                }
                        }
                        // Calcul du module du masque Sobel
                        im_out_2D[i][j]=sqrt(conv_h*conv_h + conv_v*conv_v );
                        // im_out_2D[i][j]= abs(conv_h) + abs(conv_v);
                        conv_v=0.0;
                        conv_h=0.0;
                }
        }
}
```

3.2.6.5 La détection de contour avec Sobel d'une image couleur

Le traitement d'une image couleur est identique à celle des niveaux de gris. Pour une image couleur, il suffit de dupliquer les traitements par trois. L'objectif de cette partie, est de montrer l'implémentation en C de l'algorithme de détection du contour d'une image couleur (RGB). Le programme peut être utilisé pour le filtrage des images couleurs et autres traitements. On verra à la fin de cette partie, l'implémentation d'un filtre moyenneur d'une image couleur.

Le programme C :

Sobel Originale

Module de Sobel

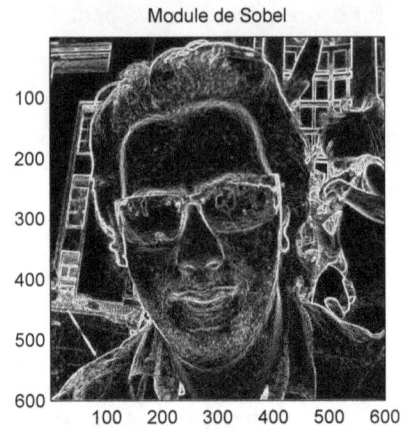

FIGURE 3.38 – Le module de Masque de Sobel

Module Prewitt

Module Sobel

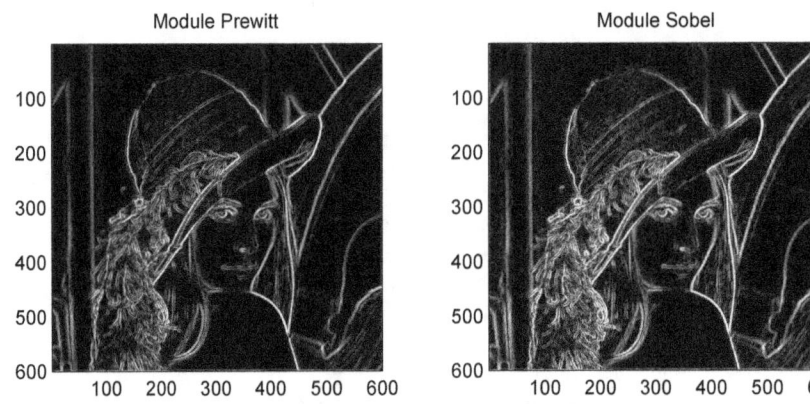

FIGURE 3.39 – La comparaison module de Soble et Prewitt

```
1       #include <stdio.h>
2       #include <stdlib.h>
3       #include <string.h>
4       #include <math.h>
5       #define p 1
6
7       unsigned int taille;
8       int i, j;
9       int width, high ;
10      FILE *fichier;
11      double im_size[3];
12
13
14      // Définition des trois composantes de l'image
15      struct im_RGB
16      {
17              double R;
18              double G;
```

```
19              double B;
20      }**Image_RGB_in,**Image_RGB_out;
21
22
23      // Les masques pour la détection des lignes
24      double Prew_V[2*p+1][2*p+1]=
25      {
26              -1.0, 0.0, 1.0,
27              -2.0, 0.0, 2.0,
28              -1.0, 0.0, 1.0
29      };
30
31      double Prew_H[2*p+1][2*p+1]=
32      {
33              -1.0, -2.0, -1.0,
34               0.0, 0.0, 0.0,
35               1.0, 2.0, 1.0
36      };
37
38      // Déclaration des ponteurs
39      double **im_in2D, **im_out2D;
40      double *im_inR1D, *im_inG1D, *im_inB1D;
41
42      double **masque2D;
43
44      // Conversion image 1D to 2D
45      from1Dto2D (double *im_1D, double **im_2D)
46      {
47              int i, j ;
48              for(i=0;i<high;i++)
49                      for(j=0;j<width;j++)
50                              im_2D[i][j]=im_1D[i*width + j];
51      }
52
53      // Conversion image 2D to 1D
54      from2Dto1D (double *im_1D, double **im_2D)
55      {
56              int i, j ;
57              for(i=0;i<high;i++)
58                      for(j=0;j<width;j++)
59                              im_1D[i*width + j] =im_2D[i][j];
60      }
61
62      // Calcul du produit de convolution
63      void Conv2D(double **masque_2D, struct im_RGB **Image_RGB_in,
64      struct im_RGB **Image_RGB_out, int masque_p)
65      {
66              int i,j,k,l;
67              double conv_v_R=0.0,conv_v_G=0.0,conv_v_B=0.0;
68              double conv_h_R=0.0,conv_h_G=0.0,conv_h_B=0.0;
69
70              for(i=masque_p;i< high -masque_p;i++)
71              {
72                      for(j=masque_p;j<width-masque_p;j++)
73                      {
```

```
74                              for(k=-masque_p;k<masque_p+1;k++)
75                              {
76                                      for(l=-masque_p;l<masque_p+1;l++)
77                                      {
78                                      // Calcul du masque V pour RGB
79                                      conv_v_R+=(Image_RGB_in[i+k][j+l].R *
80                                      Prew_V[k+masque_p][l+masque_p]);
81
82                                      conv_v_G+=(Image_RGB_in[i+k][j+l].G *
83                                      Prew_V[k+masque_p][l+masque_p]);
84
85                                      conv_v_B+=(Image_RGB_in[i+k][j+l].B *
86                                      Prew_V[k+masque_p][l+masque_p]);
87
88                                      // Calcul du masque H pour RGB
89                                      conv_h_R+=(Image_RGB_in[i+k][j+l].R *
90                                      Prew_H[k+masque_p][l+masque_p]);
91
92                                      conv_h_G+=(Image_RGB_in[i+k][j+l].G *
93                                      Prew_H[k+masque_p][l+masque_p]);
94
95                                      conv_h_B+=(Image_RGB_in[i+k][j+l].B *
96                                      Prew_H[k+masque_p][l+masque_p]);
97
98                                      }
99                              }
100                             // Calcul du module du masque
101                             Image_RGB_out[i][j].R=sqrt(conv_h_R*conv_h_R
102                             + conv_v_R*conv_v_R );
103                             Image_RGB_out[i][j].G=sqrt(conv_h_G*conv_h_G
104                             + conv_v_G*conv_v_G );
105                             Image_RGB_out[i][j].B=sqrt(conv_h_B*conv_h_B
106                             + conv_v_B*conv_v_B );
107
108                             // Initialisation
109                             conv_v_R=0.0,conv_v_G=0.0,conv_v_B=0.0;
110                             conv_h_R=0.0,conv_h_G=0.0,conv_h_B=0.0;
111                     }
112             }
113     }
114
115     // Construction d'une image RGB à partir de trois composantes
116     void from1DtoRGB (double *im_R, double *im_G, double
117     *im_B,struct im_RGB **Image_RGB_in )
118     {
119             int i, j;
120
121             for(i=0;i<high; i++)
122                     for(j=0;j<width;j++)
123                     {
124                             Image_RGB_in[i][j].R = im_R[i* width + j];
125                             Image_RGB_in[i][j].G =im_G[i* width + j];
126                             Image_RGB_in[i][j].B =im_B[i* width + j];
127                     }
128     }
```

```
129
130        // Extraction des composantes à partir d'une image RGB
131        void fromRGBto1D(double *im_R, double *im_G, double *im_B,
132        struct im_RGB **Image_RGB_in )
133        {
134                int i, j;
135
136                for(i=0;i<high; i++)
137                        for(j=0;j<width;j++)
138                        {
139                                im_R[i* width + j]=Image_RGB_in[i][j].R;
140                                im_G[i* width + j]=Image_RGB_in[i][j].G;
141                                im_B[i* width + j]=Image_RGB_in[i][j].B;
142                        }
143        }
144
145
146        void Alloc_all(void )
147        {
148                // Allocation 2D
149                im_in2D = (double **)calloc(high, sizeof(double*));
150                masque2D=(double **)calloc(2*p+1, sizeof(double*));
151                im_out2D = (double **)calloc(high, sizeof(double*));
152
153                Image_RGB_in = (struct im_RGB **)calloc(high,
154                sizeof(struct im_RGB *));
155                Image_RGB_out = (struct im_RGB **)calloc(high,
156                sizeof(struct im_RGB *));
157
158                im_in2D = (double **)calloc(high, sizeof(double*));
159                masque2D=(double **)calloc(2*p+1, sizeof(double*));
160                im_out2D = (double **)calloc(high, sizeof(double*));
161
162
163                for(i=0;i<high;i++)
164                {
165                        im_in2D[i] = (double *)calloc(width, sizeof(double));
166                        im_out2D[i] = (double *)calloc(width, sizeof(double));
167                        Image_RGB_in[i] = (struct im_RGB *)calloc(width,
168                        sizeof(struct im_RGB));
169                        Image_RGB_out[i] = (struct im_RGB *)calloc(width,
170                        sizeof(struct im_RGB));
171
172                        im_in2D[i] = (double *)calloc(width, sizeof(double));
173                        im_out2D[i] = (double *)calloc(width, sizeof(double));
174                }
175
176                for(i=0;i<2*p+1;i++)
177                {
178                        masque2D[i] = (double *)calloc(2*p+1, sizeof(double));
179                }
180
181
182                // Allocation 1D
183                im_inR1D = (double *)calloc(taille, sizeof(double));
```

```
184                        im_inG1D = (double *)calloc(taille, sizeof(double));
185                        im_inB1D = (double *)calloc(taille, sizeof(double));
186            }
187
188      void Desallo_all(void)
189      {
190                // Désallocation 2D
191                for(i=0;i<high;i++)
192                {
193                        free(im_in2D[i]);
194                        free(im_out2D[i]);
195                        free(Image_RGB_in[i]);
196                        free(Image_RGB_out[i]);
197                }
198                for(i=0;i<2*p+1;i++)
199                {
200                        free(masque2D[i]);
201                }
202                free(masque2D);
203                free(im_in2D);
204                free(im_out2D);
205                free(Image_RGB_in);
206                free(Image_RGB_out);
207
208                // Désallocation 1D
209                free(im_inR1D);
210                free(im_inG1D);
211                free(im_inB1D);
212      }
213
214      void main (void)
215      {
216                // Ouverture du fichier en lecture et écriture
217                fichier=fopen("C:\\Exo\\imMatlab.bin","a+b");
218                // Récupération de la taille de l'image dans le fichier
219                fread(im_size,sizeof(double), 3, fichier);
220                high = (int)im_size[0];
221                width = (int)im_size[1];
222                taille = width * high;
223
224                // Allocation dynamique
225                Alloc_all();
226
227                // Récupération des composantes dans le fichier
228                fread(im_inR1D,sizeof(double), taille, fichier);
229                fread(im_inG1D,sizeof(double), taille, fichier);
230                fread(im_inB1D,sizeof(double), taille, fichier);
231                // Fermeture du fichier
232                fclose(fichier);
233
234                // Conversion de l'image 1D en RGB
235                from1DtoRGB(im_inR1D, im_inG1D, im_inB1D,Image_RGB_in );
236
237                // Calcul du produit de convolution
238                Conv2D(masque2D,Image_RGB_in, Image_RGB_out,p);
```

```
239
240             //Conversion de l'image RGB en 1D
241             fromRGBto1D(im_inR1D, im_inG1D, im_inB1D,Image_RGB_out );
242
243             // Stockage des composantes RGB dans un autre fichier
244             fichier=fopen("C:\\Exo\\imOutC.bin","wb");
245             fwrite(im_inR1D,sizeof(double), taille, fichier);
246             fwrite(im_inG1D,sizeof(double), taille, fichier);
247             fwrite(im_inB1D,sizeof(double), taille, fichier);
248             // Fermeture du fichier
249             fclose(fichier);
250
251             // Libération des éspaces mémoire
252             Desallo_all ();
253
254         }
```

Le script matlab de lecture d'une image et affichage des résultats :

```
clear all;
close all;
clc;

% Lecture de l'image 3D
im_in=imread('im2.jpg');

im_in=imresize(im_in, [500 500]);

taille = size(im_in(:,:,1));
[m, n]=size(im_in(:,:,1));

% Récupération de trois composantes de l'image
imR = double(im_in(:,:,1));
imG = double(im_in(:,:,2));
imB = double(im_in(:,:,3));

% Stockage des composantes dans un fichier
% binaire (Image originale)
fileID = fopen('imMatlab.bin','w');
fwrite(fileID,taille,'double');
fwrite(fileID,imR(:),'double');
fwrite(fileID,imG(:),'double');
fwrite(fileID,imB(:),'double');
fclose(fileID);

% Récupération des coposantes dans le fichier
% binaire (Image après traitement)
fileID = fopen('imOutC.bin');
im_outR = fread(fileID,taille,'double');
im_outG = fread(fileID,taille,'double');
im_outB = fread(fileID,taille,'double');
fclose(fileID);

% Affichage des composantes
```

```
figure(1)

subplot(221);
imagesc(im_in);
title('Image Originale');

subplot(222);
imshow(uint8(im_outR*255/max(max(im_outR))));
title('Composante R - Prewitt');

subplot(223);
imshow(uint8(im_outR*255/max(max(im_outG))));
title('Composante G - Prewitt');

subplot(224);
imshow(uint8(im_outR*255/max(max(im_outB))));
title('Composante B - Prewitt');
```

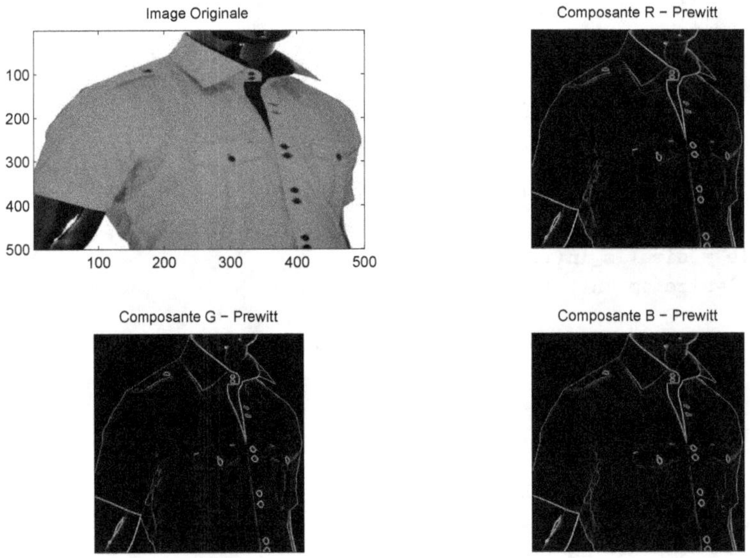

FIGURE 3.40 – Le masque sobel d'une image couleur

Le programme C du filtre moyenneur d'une image couleur :

```
1        ...
2        double Moy5[2*p+1][2*p+1]=
3        {
4                1/25.0,1/25.0,1/25.0,1/25.0,1/25.0,
5                1/25.0,1/25.0,1/25.0,1/25.0,1/25.0,
6                1/25.0,1/25.0,1/25.0,1/25.0,1/25.0,
7                1/25.0,1/25.0,1/25.0,1/25.0,1/25.0,
8                1/25.0,1/25.0,1/25.0,1/25.0,1/25.0
9        };
```

```
10        ...
11        struct im_RGB **Image_RGB_out, int masque_p)
12        {
13                int i,j,k,l;
14                double conv_R=0.0,conv_G=0.0,conv_B=0.0;
15
16                for(i=masque_p;i< high -masque_p;i++)
17                {
18                        for(j=masque_p;j<width-masque_p;j++)
19                        {
20                                for(k=-masque_p;k<masque_p+1;k++)
21                                {
22                                        for(l=-masque_p;l<masque_p+1;l++)
23                                        {
24                                          conv_R+=(Image_RGB_in[i+k][j+l].R *
25                                          Moy5[k+masque_p][l+masque_p]);
26
27                                          conv_G+=(Image_RGB_in[i+k][j+l].G *
28                                          Moy5[k+masque_p][l+masque_p]);
29
30                                          conv_B+=(Image_RGB_in[i+k][j+l].B *
31                                          Moy5[k+masque_p][l+masque_p]);
32
33                                        }
34                                }
35                                //
36                                Image_RGB_out[i][j].R=conv_R;
37                                Image_RGB_out[i][j].G=conv_G;
38                                Image_RGB_out[i][j].B=conv_B;
39
40                                // Initialisation
41                                conv_R=0.0,conv_G=0.0,conv_B=0.0;
42                        }
43                }
44        }
45        ...
46        }
47
48
```

Le script matlab de lecture, de stockage dans un fichier binaire et affichage d'une image couleur :

```
% clear all;
% close all;
% clc;

% Lecture de l'image 3D
im_in=imread('im1.jpg');

im_in=imresize(im_in, [500 500]);

taille = size(im_in(:,:,1));
[m, n]=size(im_in(:,:,1));

% Récupération de trois composantes de l'image
```

```
imR = double(im_in(:,:,1));
imG = double(im_in(:,:,2));
imB = double(im_in(:,:,3));

% Stockage des composantes dans un fichier
% binaire (Image originale)

fileID = fopen('imMatlab.bin','w');

fwrite(fileID,taille,'double');
fwrite(fileID,imR(:),'double');
fwrite(fileID,imG(:),'double');
fwrite(fileID,imB(:),'double');
fclose(fileID);

% Récupération de l'image dans le fichier
% binaire (Image après traitement)

fileID = fopen('imOutC.bin');
im_outR = fread(fileID,taille,'double');
im_outG = fread(fileID,taille,'double');
im_outB = fread(fileID,taille,'double');
fclose(fileID);

% Reconstruction de l'image RGB à
% partir des composantes

im_out = zeros(m,n,3);
im_out(:,:,1) = im_outR;
im_out(:,:,2) = im_outG;
im_out(:,:,3) = im_outB;

% Modifier le masque dans le code C
% et recompiler le code pour obtenir
% les images couleurs en fonction
% de la taille du filtre

im_out5 = im_out;
%im_out7 = im_out;
%im_out9 = im_out;

% Affichage des composantes

figure(1)

subplot(221);
imagesc(im_in);
title('Image Originale');

subplot(222);
imagesc(uint8(im_out5));
title('Filtre Moyenneur 5x5');

subplot(223);
```

```
imagesc(uint8(im_out7));
title('Filtre Moyenneur 7x7');

subplot(224);
imagesc(uint8(im_out9));
title('Filtre Moyenneur 9x9');
```

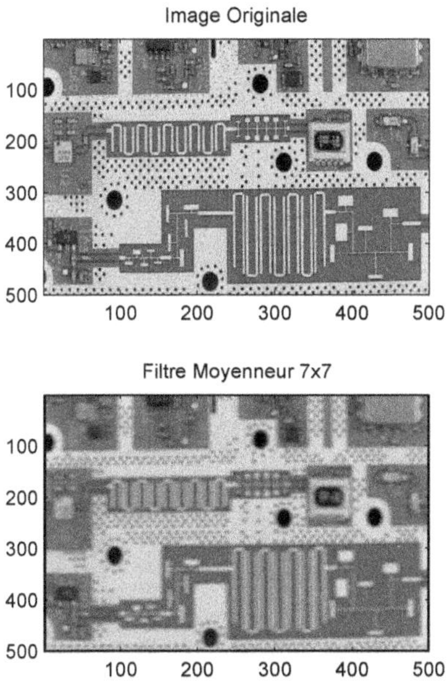

FIGURE 3.41 – Le filtre Moyenneur d'une image couleur

3.2.7 La détection d'un objet par corrélation

3.2.7.1 Introduction

L'approche traditionnelle pour la détection et la reconnaissance d'un objet dans une image, est la détection par le calcul du coefficient de corrélation (voir formule ci-dessous). Cette approche est la plus appropriée si l'objet que vous souhaitez identifier a des attributs distinctifs, spécifiques et facilement identifiables. En outre, l'objet doit être distinct de l'arrière-plan.

On cite des exemples d'identification dans une image :
- Identification d'une partie dans un magasin de métal sur la base de sa forme et de l'emplacement des trous pour les vis ;
- Identification d'une carte de circuit imprimé à l'aide du placement des composants, de leurs formes et d'autres motifs ;
- Identification des pièces de Lego en utilisant leurs couleurs, les formes, le nombre de lignes et de colonnes de cercles en relief présente.

En fait, cette approche, utilise les propriétés statistiques (moyenne, auto-corrélation et l'inter-corrélation) de l'objet de référence (stocké dans la mémoire) et l'image en cours de traitement.

Les paramètres utilisés par ces règles sont fixes et ne changent pas ce qui signifie que l'algorithme n'apprend pas de l'expérience précédente pour une utilisation quand il rencontre de nouvelles images.

Le coefficient de corrélation (r_p) est défini par la formule suivante :

$$r_p = \frac{\sigma_{xy}}{\sigma_x * \sigma_y}$$

Avec :

σ_{xy} : L'inter-corrélation entre les vecteur x et y de taille N (r_p est une valeur scalaire qui varie entre -1 et 1) :

$$\sigma_{xy} = \sum_{i=1}^{N}(x(i) - \bar{x}) * (y(i) - \bar{y})$$

$\bar{x}$ et $\bar{y}$ Les valeurs moyennes des vecteurs X et Y

$$\bar{x} = \frac{1}{N}\sum_{i=1}^{N}x(i)$$

σ_x : L'auto-corrélation du vecteur x (σ_x est une valeur scalaire positive) :

$$\sigma_x = \sqrt{\frac{1}{N}\sum_{i=1}^{N}(x(i) - \bar{x})^2}$$

σ_y : L'auto-corrélation du vecteur y (σ_y est une valeur scalaire positive) :

$$\sigma_y = \sqrt{\frac{1}{N}\sum_{i=1}^{N}(y(i) - \bar{y})^2}$$

Alors :

$$r_p = \frac{\sum_{i=1}^{N}(x(i) - \bar{x}) * (y(i) - \bar{y})}{\sqrt{\sum_{i=1}^{N}(y(i) - \bar{y})^2} * \sqrt{\sum_{i=1}^{N}(x(i) - \bar{x})^2}}$$

L'interprétation du coefficient de corrélation r_p :

Le coefficient de corrélation rp ne présente que le cosinus de l'angle entre les deux vecteurs x et y :
   - $r_p = 1$: $\alpha = 0$, les deux vecteurs sont colinéaires ;
   - $r_p = 0$: $\alpha = 90°$, les deux vecteurs sont orthogonaux ;
   - $r_p = $ -1 : $\alpha = 180°$, les deux vecteurs sont colinéaires de sens opposé.

Le signe et la valeur absolue du coefficient de corrélation décrivent la direction et l'amplitude de la relation entre les deux variables x et y. Le coefficient de corrélation mesure le degré de ressemblance entre deux vecteurs et il est important quand il s'approche de la valeur absolue. On dit que le coefficient est faible, quand il s'approche de 0. En pratique on considère que la corrélation est forte, lorsque $r_p > |0.5|$, et faible dans le cas contraire.

3.2.7.2 Le fonctionnement du projet

On considère un objet (x) de taille N_x * N_x et une image (Im) de taille 600x600. L'objectif principal de ce projet est de reconnaitre l'objet (x) dans l'image (Im). La figure 3.42.

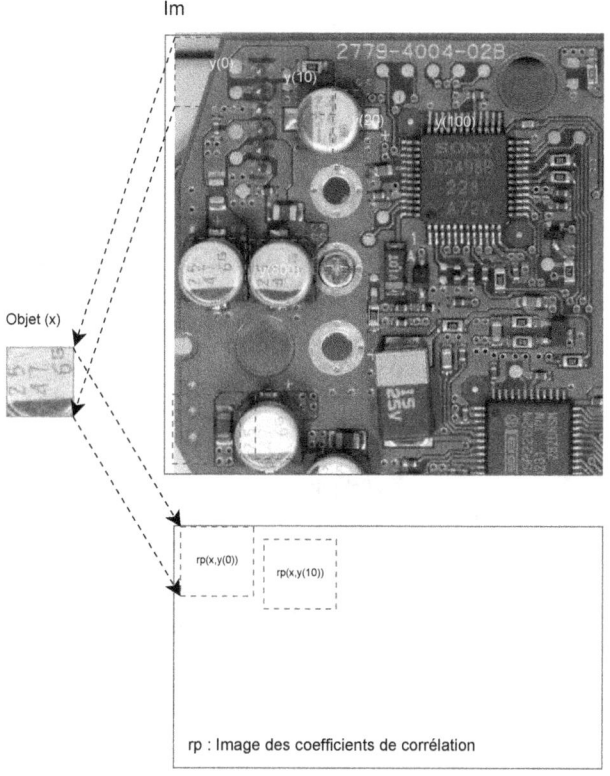

FIGURE 3.42 – Le principe de détection par le coefficient de corrélation

$$r_p = \frac{\sum_{i=1}^{N} \big(x(i) - \bar{x} \big) * \big(y(i) - \bar{y} \big)}{\sqrt{\sum_{i=1}^{N} \big(y(i) - \bar{y} \big)^2} * \sqrt{\sum_{i=1}^{N} \big(x(i) - \bar{x} \big)^2}}$$

3.2.7.3 L'implémentation en C

1. La fonction de calcul de l'auto-corrélation d'un vecteur quelconque σ_x (x_0 la valeur moyenne du vecteur x) :

```
1      double sigma_x(double *x,double x_0, int taille_x)
2      {
3              double sig_x=0.0;
4              for(i=0;i<taille_x; i++)
5              {
6                      sig_x+= ((x[i] - x_0) * (x[i] - x_0));
7              }
8
9              return sqrt(sig_x/taille_x);
```

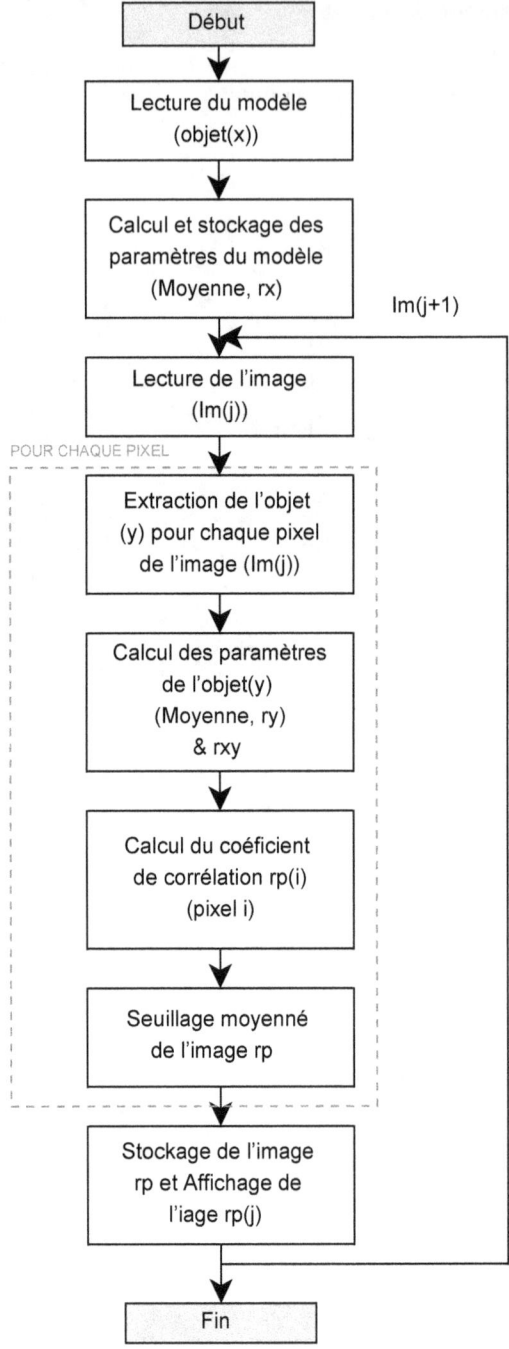

FIGURE 3.43 – L'algorithme de detection en temps réel d'un objet

```
10
11        }
```

2. La fonction de calcul de l'inter-corrélation entre deux vecteur x et y σ_{xy}. **x_0 et y_0, sont les valeurs moyennes respectivement des vecteurs x et y :**

```
1        double sigma_x_y (double *x, double *y, double x_0,
2        double y_0, int taille)
3        {
4                double sig_x_y =0.0;
5                int i ;
6
7                for(i=0;i<taille; i++)
8                {
9                        sig_x_y+= ((x[i] - x_0) * (y[i] - y_0));
10               }
11
12               return sig_x_y/taille;
13
14       }
```

3. La fonction de calcul de la valeur moyenne d'un vecteur quelconque 1D $\bar{x}$:

```
1        double moy_vect(double *x, int taille)
2        {
3                double moyenne =0.0;
4                int i ;
5
6                for(i=0;i<taille; i++)
7                {
8                        moyenne+= x[i];
9                }
10
11               return moyenne/taille;
12
13       }
```

3. La fonction de calcul de la valeur moyenne d'un vecteur quelconque 2D $\bar{x}$:

```
1        double moy_vect2D(double **Im, int high, int width)
2        {
3                double moyenne =0.0;
4                int i,j ;
5
6                for(i=0;i<high; i++)
7                        for(j=0;j<width; j++)
8                        {
9                                moyenne+= Im[i][j];
10                       }
11
12               return moyenne/(high*width);
13       }
14
```

4. La fonction de calcul du coefficient de corrélation r_p :

```
1        double r_p(double sig_x, double sig_y,
2        double sig_x_y)
3        {
4                return sig_x_y/(sig_x * sig_y);
5        }
```

5. La fonction d'extraction de l'objet y dans l'image principale (Im) centré sur (i0,j0) de taille = (2*p+1)*(2*p+1) :

```
1          void GetObj_y(double **Im, double *y,
2          int i0, int j0,int p )
3          {
4                  int k,l;
5                  for(k=0;k<2*p+1;k++)
6                  {
7                          for(l=0;l<2*p+1;l++)
8                          {
9                                  y[k*(2*p+1) + l] =
10                                 Im[k+i0-p][l+j0-p];
11                         }
12                 }
13         }
```

6. Le programme principale :

```
1          #include <iostream>
2          #include <stdio.h>
3          #include <stdlib.h>
4          #include <string.h>
5          #include <math.h>
6
7          /* Taille de l'objet à détecter
8          (32x2 +1)x(32x2 +1) [65x65] */
9          #define ObjP 32
10
11         /*Taille du filtre moyenneur
12         (2xNMoySeuil+1)x(2xNMoySeuil+1) */
13         #define NMoySeuil 9
14
15         // Valeur du seuil du coefficient de corrélation
16         #define Seuil_value 0.3
17
18         // Valeur du seuil de l'image moyennée
19         #define Seuil_v1 180
20
21
22         unsigned int taille;
23         int width, high ;
24         FILE *fichier;
25         double im_size[3];
26
27
28         // Déclaration des pointeurs 1D et 2D
29         double **im_in2D, **im_rp2D, **im_out2D, **im_out2D_moy;
30         double **x_2D, **y_2D;
31         double **Tab_moy_2D;
32
33         double *im_in1D,*im_rp1D, *im_out1D, *im_out1D_moy;
34         double *x_1D;
35
36         // Conversion d'image 1D au 2D
37         void from1Dto2D (double *im_1D, double **im_2D,
38         int w0, int h0)
```

```
39              {
40                      int i, j ;
41                      for(i=0;i<h0;i++)
42                              for(j=0;j<w0;j++)
43                                      im_2D[i][j]=im_1D[i*w0 + j];
44              }
45
46              // Conversion d'image 2D au 1D
47              void from2Dto1D (double *im_1D, double **im_2D,
48              int w0, int h0)
49              {
50                      int i, j ;
51                      for(i=0;i<h0;i++)
52                              for(j=0;j<w0;j++)
53                                      im_1D[i*w0 + j] =im_2D[i][j];
54              }
55
56              // Calcul de l'auto-corrélation de la variable x
57              double sigma_x(double **x,double x_0, int p_obj)
58              {
59                      double sig_x=0.0;
60                      int i,j ;
61                      int t0;
62
63                      t0=(2*p_obj + 1) * (2*p_obj + 1);
64
65                      for(i=0;i<2*p_obj+1; i++)
66                              for(j=0;j<2*p_obj+1; j++)
67                              {
68                                      sig_x+= ((x[i][j] - x_0) * (x[i][j] - x_0));
69                              }
70
71
72                      return sqrt(sig_x/t0);
73
74              }
75              // Calcul de l'inter-corrélation entre les variables x et y
76              double sigma_x_y (double **x, double **y,
77              double x_0, double y_0, int p_obj)
78              {
79                      double sig_x_y =0.0;
80                      int i,j ;
81                      double t0;
82
83                      t0=(double)(2*p_obj + 1) * (2*p_obj + 1);
84
85                      for(i=0;i<2*p_obj+1; i++)
86                              for(j=0;j<2*p_obj+1; j++)
87                              {
88                                      sig_x_y+= ((x[i][j] - x_0) *
89                                      (y[i][j] - y_0));
90                              }
91
92                      return sig_x_y/t0;
93              }
```

```
94
95          // Calcul de la valeur moyenne d'une variable 2D
96          double moy_im2D(double **Im, int h0, int w0)
97          {
98                  double moyenne =0.0;
99                  int k,l ;
100
101                 for(k=0;k<h0; k++)
102                         for(l=0;l<w0; l++)
103                         {
104                                 moyenne+= Im[k][l];
105                         }
106
107                 return moyenne/(h0*w0);
108         }
109
110         /* Extraction d'une matrice de taille réduite
111         centrée sur (i0,j0)*/
112         void GetTab2D(double **im_in_2D, double **tab_2D,
113         int i0, int j0,int p0 )
114         {
115                 int k,l;
116                 for(k=0;k<2*p0+1;k++)
117                 {
118                         for(l=0;l<2*p0+1;l++)
119                         {
120                                 tab_2D[k][l] = im_in_2D[k+i0-p0][l+j0-p0];
121                         }
122                 }
123         }
124
125         // Seuillage de base d'un pixel (une valeur scalaire)
126         double Seuil_base(double im_value, double seuil_value)
127         {
128                 if (im_value >= seuil_value) return 255.0;
129                 else return 0.0;
130         }
131
132         // Calcul du coefficient de corrélation rp
133         double r_p(double sigm_x, double sigm_y, double sigm_x_y)
134         {
135                 double v0=0.0;
136                 v0 = sigm_x_y/(sigm_x * sigm_y);
137                 return sqrt(v0*v0);
138         }
139
140         // Seuillage moyenné d'une image
141         void Moy_Seuil(double **im_in,double **im_out,
142         double **tab_moy_2D, int w0, int h0, int p_moy,
143         double Seuil_val)
144         {
145                 int i,j;
146                 double moy_s=0.0;
147
148                 for(i=p_moy;i< h0 -p_moy;i++)
```

```
149                 {
150                         for(j=p_moy;j<w0-p_moy;j++)
151                         {
152                                 GetTab2D(im_in, tab_moy_2D, i, j,p_moy );
153                                 moy_s = moy_im2D(tab_moy_2D, 2*p_moy+1,
154                                 2*p_moy+1);
155
156                                 if(moy_s >= Seuil_val) im_out[i][j] = 255.0;
157                                 else im_out[i][j] =0.0;
158                         }
159                 }
160         }
161
162
163         /* Calcul d'image avec les coefficients de corrélation
164         + Seuillage basique */
165         void Calcul_im_rp(double **im_in, double **im_rp,
166         double **im_out,double **x_obj2D,double **y_im02D ,
167         double **tab_moy_2D, int obj_p)
168         {
169                 int i,j;
170
171                 double sig_x=0.0;
172                 double sig_y=0.0;
173                 double sig_x_y=0.0;
174                 double moy_x=0.0;
175                 double moy_y=0.0;
176                 double rp=0.0;
177                 double moy_rp=0.0;
178
179                 // Calcul de l'image rp
180
181                 for(i=obj_p;i< high -obj_p;i++)
182                 {
183                         for(j=obj_p;j<width-obj_p;j++)
184                         {
185                                 // Extraction de l'image y
186                                 GetTab2D(im_in, y_im02D, i, j,obj_p);
187
188                                 // Calcul de Sigma(x)
189                                 moy_x =moy_im2D(x_obj2D, 2*ObjP+1,2*obj_p+1);
190                                 sig_x = sigma_x(x_obj2D,moy_x,obj_p );
191
192                                 // Calcul de Sigma(y)
193                                 moy_y =moy_im2D(y_im02D, 2*obj_p+1,2*obj_p+1);
194                                 sig_y = sigma_x(y_im02D,moy_y,obj_p );
195
196                                 // Calcul de Sigm(x,y)
197                                 sig_x_y = sigma_x_y(x_obj2D,y_im02D,moy_x,
198                                 moy_y,obj_p );
199
200                                 // Calcul de coefficient de corrélation
201                                 rp = r_p( sig_x,   sig_y,   sig_x_y);
202
203                                 /* Affectation du rp au pixel
```

```
204                                      de l'image de sortie */
205                                      im_rp[i][j] = rp;
206                              }
207                      }
208
209              // Calcul de la valeur moyenne de l'image rp
210              moy_rp = moy_im2D(im_rp, high,width);
211
212              // Seuillage Moyenné de l'image des coefficients de corrélation
213              for(i=obj_p;i< high - obj_p;i++)
214              {
215                      for(j=obj_p;j<width-obj_p;j++)
216                      {
217                              // Seuillage de base
218                              im_out[i][j] = Seuil_base(im_rp[i][j],Seuil_value);
219
220                      }
221              }
222      }
223
224      // Allocations 1D et 2D
225      void Alloc_all(void )
226      {
227              int i, j;
228
229              // Allocation 2D
230
231              im_in2D = (double **)calloc(high, sizeof(double*));
232              im_rp2D = (double **)calloc(high, sizeof(double*));
233              im_out2D = (double **)calloc(high, sizeof(double*));
234              im_out2D_moy = (double **)calloc(high, sizeof(double*));
235              x_2D = (double **)calloc(2*ObjP+1, sizeof(double*));
236              y_2D = (double **)calloc(2*ObjP+1, sizeof(double*));
237              Tab_moy_2D = (double **)calloc(2*NMoySeuil+1, sizeof(double*));
238
239              for(i=0;i<high;i++)
240              {
241                      im_in2D[i] = (double *)calloc(width, sizeof(double));
242                      im_rp2D[i] = (double *)calloc(width, sizeof(double));
243                      im_out2D[i] = (double *)calloc(width, sizeof(double));
244                      im_out2D_moy[i] = (double *)calloc(width, sizeof(double));
245              }
246
247              for(i=0;i<2*ObjP+1;i++)
248              {
249                      x_2D[i] = (double *)calloc(2*ObjP+1, sizeof(double));
250                      y_2D[i] = (double *)calloc(2*ObjP+1, sizeof(double));
251              }
252
253              for(i=0;i<2*NMoySeuil+1;i++)
254              {
255                      Tab_moy_2D[i] = (double *)calloc(2*NMoySeuil+1,
256                      sizeof(double));
257              }
258
```

```
259            // Allocation 1D
260            x_1D = (double *)calloc((2*ObjP+1)*(2*ObjP+1), sizeof(double));
261            im_in1D = (double *)calloc(taille, sizeof(double));
262            im_rp1D = (double *)calloc(taille, sizeof(double));
263            im_out1D = (double *)calloc(taille, sizeof(double));
264            im_out1D_moy = (double *)calloc(taille, sizeof(double));
265        }
266
267    // Désallocation 1D et 2D
268    void Desallo_all(void)
269    {
270            int i, j;
271            // Désallocation 2D
272            for(i=0;i<high;i++)
273            {
274                    free(im_in2D[i]);
275                    free(im_rp2D[i]);
276                    free(im_out2D[i]);
277                    free(im_out2D_moy[i]);
278            }
279
280            for(i=0;i<2*NMoySeuil+1;i++)
281            {
282                    free(Tab_moy_2D[i]);
283            }
284
285            for(i=0;i<2*ObjP+1;i++)
286            {
287                    free(x_2D[i]);
288                    free(y_2D[i]);
289            }
290
291            free(x_2D);
292            free(y_2D);
293            free(im_in2D);
294            free(im_rp2D);
295            free(im_out2D);
296            free(Tab_moy_2D);
297            free(im_out2D_moy);
298
299            printf("je suis là \n");
300
301            // Désallocation 1D
302            free(x_1D);
303            free(im_in1D);
304            free(im_rp1D);
305            free(im_out1D);
306            free(im_out1D_moy);
307
308        }
309
310    int main(int argc, char** argv)
311    {
312            // Ouverture du fichier en lecture et écriture
313            fichier=fopen("C:\\Exo\\imMatlab.bin","a+b");
```

```
314            // Récupération de la taille de l'image dans le fichier
315            fread(im_size,sizeof(double), 3, fichier);
316            high = (int)im_size[0];
317            width = (int)im_size[1];
318            taille = width * high;
319
320            // Allocation dynamique des vecteurs et matrices
321            Alloc_all();
322
323            // Récupération de l'image principale et l'objet x
324            fread(im_in1D,sizeof(double), taille, fichier);
325            fread(x_1D,sizeof(double), (2*ObjP+1)*(2*ObjP+1), fichier);
326
327            // Fermeture du fichier
328            fclose(fichier);
329
330            // Conversion des images 1D en 2D pour les traitements
331            from1Dto2D(im_in1D,im_in2D,width, high );
332            from1Dto2D(x_1D,x_2D,2*ObjP+1,2*ObjP +1);
333
334            // Calcul de l'image des coefficients de corrélation
335            Calcul_im_rp(im_in2D, im_rp2D, im_out2D,x_2D,y_2D ,
336            Tab_moy_2D, ObjP);
337
338            // Calcul d'image moyennée
339            Moy_Seuil(im_out2D,im_out2D_moy, Tab_moy_2D, width,
340            high, NMoySeuil,Seuil_v1);
341
342            //Conversion des images 2D en 1D pour la mémorisation
343            from2Dto1D(im_rp1D, im_rp2D, width,high);
344            from2Dto1D(im_out1D, im_out2D, width,high);
345            from2Dto1D(im_out1D_moy, im_out2D_moy, width,high);
346
347            // Stockage des images dans le fichier
348            fichier=fopen("C:\\Exo\\imOutC.bin","wb");
349            fwrite(im_rp1D,sizeof(double), taille, fichier);
350            fwrite(im_out1D,sizeof(double), taille, fichier);
351            fwrite(im_out1D_moy,sizeof(double), taille, fichier);
352
353            // Fermeture du fichier
354            fclose(fichier);
355
356            // Libération des espaces mémoires
357            Desallo_all ();
358
359            return 0;
360        }
```

3.2.7.4 Les résultats de simulation

1. Les paramètres de simulation :

- Taille de l'objet : 65x65 ;
- Taille de l'image : 500x500 ;

- Taille du filtre moyenneur : 19x19 ;
- Valeur du seuil du coefficient de corrélation : 0.3 ;
- Valeur du seuil du filtre moyenneur : 180.

Image principale :500x500

FIGURE 3.44 – L'objet à détecter par corrélation et l'image principale

2.Affichage en niveau de gris :

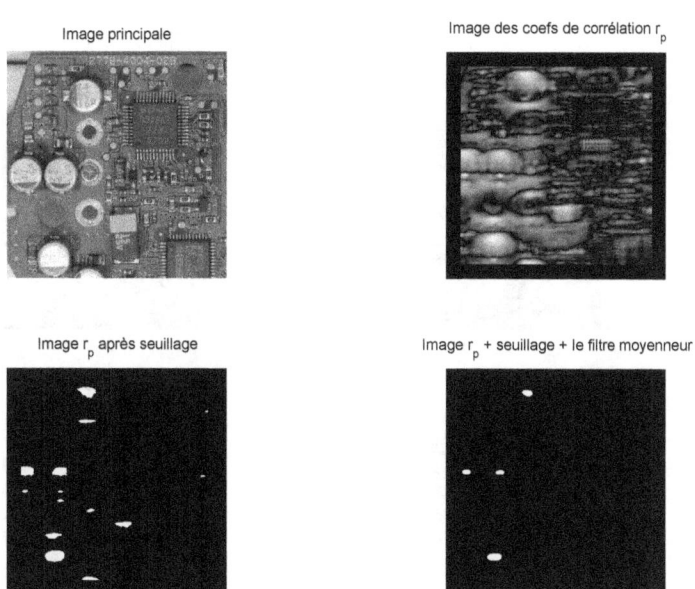

FIGURE 3.45 – L'affichage d'image des coefficients de corrélation et l'image des objets détectés en niveau de gris

3.Affichage couleur :

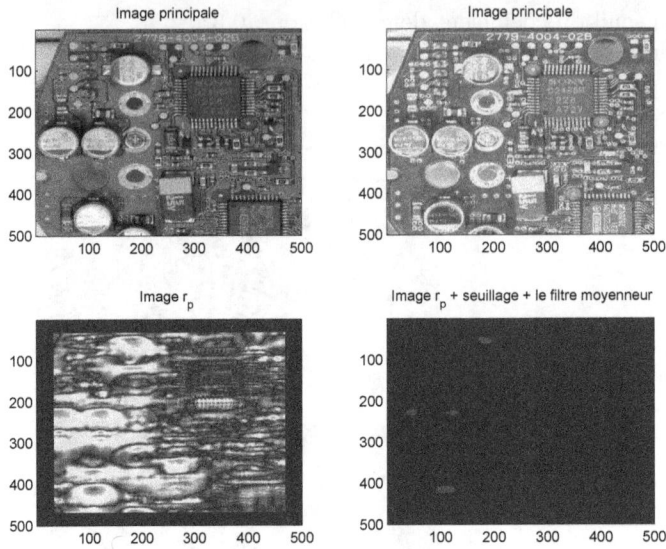

FIGURE 3.46 – L'affichage avec intensité des couleurs d'image des coefficients de corrélation et l'image des objets détectés

4.Influence du seuil sur la qualité de détection pour une taille du filtre fixe (23x23) :

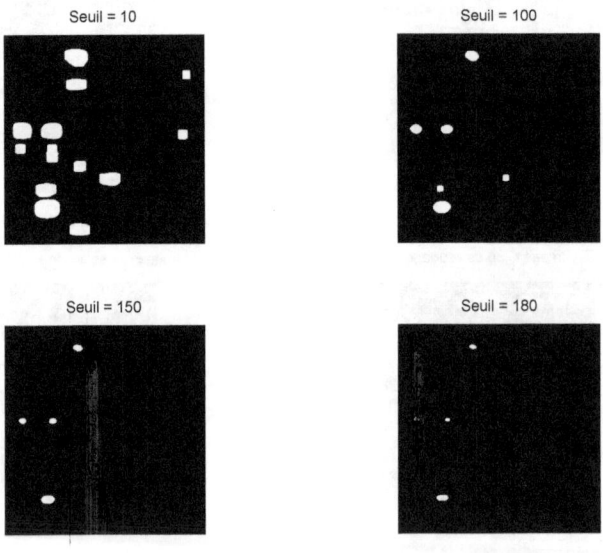

FIGURE 3.47 – L'influence du seuil sur la qualité de détection

4.Influence de la taille du filtre moyenneur sur la qualité de détection pour

un seuil fixe (180) :

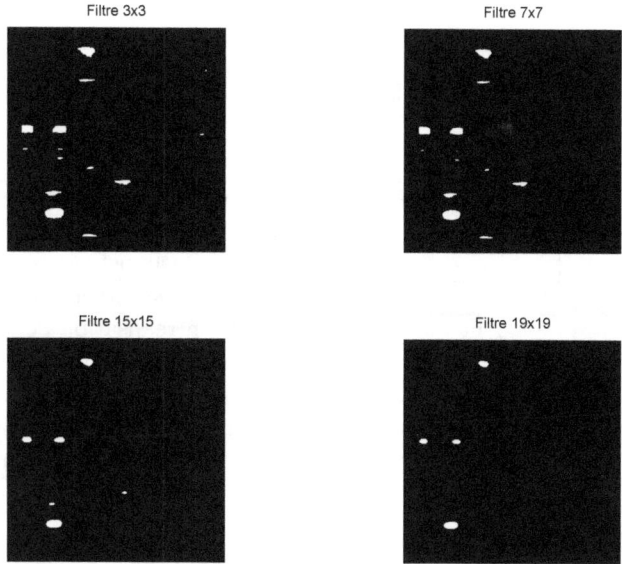

FIGURE 3.48 – L'influence du seuil sur la qualité de détection

3.3 Les mots réservés du langage C (ISO C99)

0.9 Mot réservé	Signification
break	Interruption d'une boucle ou une instruction «switch».
case	Sélection d'un cas dans un mot réservé «switch»
char	Type caractère
const	Définition d'une constante
continue	Passer à l'itération suivante de la boucle
default	Exécution d'un cas par défaut dans l'instruction «switch»
do	Mot réserve pour la boucle «while»
double	Identification du type de données réel double précision
else	Affection dans le cas de non réalisation de la condition dans l'instruction «if»
enum	Identification d'un type de données d'énumération
extern	Attribut de déclaration d'une variable ou constante en dehors fichier du programme principal (externe)
float	Identification du type de données réel simple précision
for	Compteur de boucle
goto	Saut d'exécution à une étiquette
if	Traitement d'une instruction conditionnelle
int	Ce mot réservé identifie le type de données d'entier
long	Identification d'un type de données entier long
register	Attribut qui indique l'utilisation autant que possible des registres du microprocesseur pour la mémorisation d'un objet (variable ou constante)
return	Retourner une valeur optionnelle dans une fonction
short	Identification d'un type de données entier court
signed	Identification d'un type de données entier signé
sizeof	Extraction la taille d'un objet
static	Attribut d'un objet, qui force une portée globale de l'objet à l'intérieur ou à l'extérieur du fichier
struct	Identification d'une structure de données
switch	Instruction de test des cas
typedef	Définition d'un type de donnée
unsigned	Identification d'un type de données entier non signé
void	Définition d'un type sans type de donnée
volatile	Imposer au compilation de ne pas modifier l'ordre de la variable dans la mémoire
while	Définition de la boucle while
Bool	Définition d'un type de donnée booléen
Complex	Identification d'un type de données d'un nombre complexe

TABLE 3.3 – Mots réservés du langage C

TABLE DES FIGURES

Bibliographie

Volnei A. Pedroni, Circuit Design with VHDL, Massachusetts Institute of Technology, The MIT Press, 2004.

Volnei A. Pedroni, Circuit Design and Simulation with VHDL second edition Edition, The MIT Press, 2010.

Blaine Readler, Vhdl By Example, Full Arc Press 2014.

Gaganpreet Kaur, VHDL : Basics to Programming, Pearson 1 edition, 2011.

Peter Wilson, Design Recipes for FPGAs, Second Edition : Using Verilog and VHDL 2nd Edition, Newnes Press, 2015.

Douglas Perry, VHDL : Programming By Example 4th Edition, McGraw-Hill Education, 2002.

Pong P. Chu, RTL Hardware Design Using VHDL : Coding for Efficiency, Portability, and Scalability 1st Edition, Wiley-IEEE Press, 2006.

Brian W. Kernighan, The C Programming Language 2nd Edition, Prentice Hall, 1988.

Brian W. Kernighan, Le langage C - 2e édition - Norme ANSI, Dunod, 2014.

Claude Delannoy, Programmer en langage C : Cours et exercices corrigés, Eyrolles 5e édition, 2014.

Mathieu Nebra, Apprenez à programmer en C, OpenClassrooms 2e édition, 2015.